TURING

社会工程

安全体系中的人性漏洞

（第2版）

[美] 克里斯托弗·海德纳吉（Christopher Hadnagy）著
管晨 王大鹏 郭鹏程 译

Social Engineering

The Science of Human Hacking

人民邮电出版社
北 京

图书在版编目（CIP）数据

社会工程 ： 安全体系中的人性漏洞 / （美）克里斯托弗·海德纳吉（Christopher Hadnagy）著 ； 管晨，王大鹏，郭鹏程译. -- 2版. -- 北京 ： 人民邮电出版社，2022.1
ISBN 978-7-115-57469-5

Ⅰ. ①社… Ⅱ. ①克… ②管… ③王… ④郭… Ⅲ. ①信息安全 Ⅳ. ①TP309

中国版本图书馆CIP数据核字(2021)第195065号

内 容 提 要

自本书上一版面世以来，无论是社会工程的工具和手段，还是人们所处的环境，都发生了巨大的变化，因此本书推出了升级版。本书作者是具备多年从业经验的社会工程人员，在上一版的基础上增加了新的示例，将社会工程从一门“艺术”上升为“科学”，让读者知其然更知其所以然。书中的观点均有科学研究支持，无论是个人还是企业都能从本书中得到有益的启示，在更好地保护自身的同时，还能教导他人免于遭受恶意攻击者的侵害。本书最后还对有志于从事信息安全工作的人提出了宝贵的建议。

本书适合信息安全从业者、社会工程人员以及任何对信息安全感兴趣的人阅读。

◆ 著　　[美] 克里斯托弗·海德纳吉（Christopher Hadnagy）
译　　管 晨　王大鹏　郭鹏程
责任编辑　温 雪
责任印制　周昇亮
◆ 人民邮电出版社出版发行　　北京市丰台区成寿寺路11号
邮编　100164　　电子邮件　315@ptpress.com.cn
网址　https://www.ptpress.com.cn
北京七彩京通数码快印有限公司印刷
◆ 开本：720×960　1/16
印张：16.25　　2022年1月第2版
字数：328千字　　2025年4月北京第13次印刷
著作权合同登记号　图字：01-2019-2704号

定价：79.80元

读者服务热线：(010)84084456-6009　印装质量热线：(010)81055316
反盗版热线：(010)81055315

版 权 声 明

献　　词

在生活中，我既是一名社会工程人员，同时也扮演着父亲、丈夫、领导、朋友等角色，而这一切都离不开我的爱妻 Areesa。我对你的爱无以言表。

我的儿子 Colin，从你呱呱坠地，看着你一天天长大，成长为一位具备安全意识的小伙子，与我一起并肩奋斗，这让我觉得曾经所有的努力都是值得的。我爱你。

我的女儿 Amaya，你是我的生命之光，你让我可以笑对苦难，你是我内心的快乐之源。我无法用语言来表达我有多么爱你，有多么以你为傲。

关于作者

克里斯托弗·海德纳吉（Christopher Hadnagy）是 Social-Engineer 有限责任公司的 CEO，世界上第一个社会工程框架的主要开发者。他还创办了 DEF CON 极客大会，建立了 DerbyCon 安全大会中的“社会工程村”（Social Engineering Village，又称 SEVillage），同时参与创办了著名的社会工程夺旗赛（Social Engineering Capture The Flag，SECTF）。作为一名广受欢迎的演说家和培训师，他周游世界各地，在许多重大活动中发表了演讲，其中包括 RSA 信息安全大会、黑帽安全技术大会、DEF CON 极客大会。

关于技术编辑

Michele Fincher 是一家特殊化学品企业的信息安全主管。作为一名行为科学家、研究员和信息安全专业人员，她有着超过 20 年的从业经验。她擅长理解安全决策，尤其是关于社会工程领域背后的心理学。

Michele 作为一名培训师和演说家，曾参与多个技术和行为相关的项目，涉及执法机关、情报组织和其他私营部门，包括黑帽大会简报（Black Hat Briefings）、RSA 信息安全大会、SourceCon 会议①、SC 大会②、Interop 贸易展示会③和 Techno Security 大会④。

Michele 持有美国空军学院的人机工程学理学学士学位，以及奥本大学的心理咨询理学硕士学位。此外，她还获得了“国际注册信息系统安全专家”（Certified Information Systems Security Professional，CISSP）认证。

① SourceCon 会议是一个专注于知识分享的采购和招聘的交流会议。——译者注

② SC 大会是英国最受欢迎的网络安全和风险管理活动之一。——译者注

③ Interop 贸易展示会是每年在美国举办的全球最大的网络专业展览会。——译者注

④ Techno Security 大会全称为 Techno Security & Digital Forensic Conference，该活动聚集了来自世界各地的 IT 专家、数字取证专家，以及执法机构的代表。——译者注

致 谢

“几年前，在一次与良师益友马蒂·阿哈罗尼（Mati Aharoni）聊天的过程中，我决定建立社会工程人员网站。”

这是《社会工程：安全体系中的人性漏洞》一书的开场白，而此刻这些文字让我有种恍若坠梦的错觉；那些记忆如此模糊，让我觉得自己随时都会醒来。在本书中，我将对过去十年，尤其是近八年的历程，一一进行回顾。

过去八年中，我曾与保罗·艾克曼博士、Robin Dreeke、Neil Fallon 等人共事，并有幸采访到了 Robert Cialdini 博士、Amy Cuddy 博士、Dov Baron、Ellen Langer 博士、Dan Airely 博士等大咖，还非常荣幸地和 Apollo Robins 一起演讲。

过去八年犹如一场精彩的过山车之旅。但俗话说，“独脚难行，孤掌难鸣”。我之所以能有这样的人生经历，能有幸与一些人相识和共事，正是因为一路上有许多人的帮助。

我的妻子 Areesa 是我遇到的最有耐心、最美丽动人的女子。虽然她并不完全了解我所处的世界，却毫无保留地支持着我，爱着我，让我幸福的人生充满了欢笑、惊喜和永不褪色的回忆。

我的儿子 Colin 幼时想当医生，后来想当作家，再后来又想当志愿者。一路走来，他还学过护理和写作。至今，他仍从事着志愿者工作。他的积极态度和仁爱精神是我的楷模。

我仍记得，自己曾发誓决不让女儿 Amaya 涉足社会工程领域，我要保证她的安全。但她让我明白，保证她的安全更需要的是教导她，容纳她，让她成为我生活的一部分。

我从她身上学到的远比我教给她的多得多。

虽然艾克曼博士并没有直接参与本书的创作，但他的善良、激励和慷慨给我带来了灵感。感谢艾克曼博士。

我要感谢生命中所有陪我走过一段旅程的人们。

- Ping Look 一直源源不断地为我提供各种无私的建议和帮助。
- Dave Kennedy 的友谊和支持对我意义非凡。
- 无辜生命救助基金会（The Innocent Lives Foundation，ILF）[①]是成书过程中必不可少的一部分，所以我要感谢组织中的以下人士。
    - 我做梦也没想到能和 Neil Fallon 成为朋友（快掐我一下），但这一切成了真。现在他也经常指导和鼓励我。他让我懂得了人性的重要。
    - Tim Maloney 的支持和保护为 ILF 的建立尽了很大一份力。在这个过程中，他的友情、信念和支持令我感激不尽。
    - Casie Hall 身为解决方案的参与者，她的激励和热情感染了很多人。
    - 感谢 A. J. Cook 对 ILF 的支持。在和她一起为拯救儿童尽一份力的那段岁月里，她表现出了很强的亲和力。她的奉献精神堪称业界典范。
    - Aisha Tyler（哈！即使只是敲出这个名字也有种不真实感）的职业道德、体贴善良和专注能力值得我们每一个人学习。
- 我在 Social-Engineer 有限责任公司中的团队非常优秀。Colin、Mike、Cat、Ryan、Amanda、Kaz、Jenn 和 Karen，每一个人都帮助我进步，并在整个过程中给我以支持。
- 我的编辑 Charlotte 为本书付出了很多，即使说是本书的影子作者也不为过。她善于捕捉灵感，让我显得更具智慧。（这活儿可不轻松！）
- 还有那些社会工程播客、各大会议中的社会工程村、我的其他作品，以及社会工程大事件（SE-Events）的读者和“粉丝”们，你们促使我不断提升自己，并勇于指出我所犯的愚蠢错误，让我不断修正，以求至臻至善。谢谢你们！

① 一个专注于打击网络犯罪、维护儿童安全的社会公益组织。——译者注

序

1976 年，在与史蒂夫·乔布斯（Steve Jobs）一起创立 Apple 计算机公司时，我并没想到那项发明能最终走向世界。我想干一件史无前例的事：创造一台个人计算机，一台任何人都能使用、乐于使用且能使人从中受益的个人计算机。仅仅过了四十年，那些设想就成了现实。

全球数十亿的个人计算机、智能手机、智能设备和技术已经渗透进我们生活的方方面面。因此，是时候放慢脚步，思考一下如何在创新、成长和与下一代共事的同时维护安全这一问题了。

我喜欢和现在的年轻人一起工作，激励他们去创新，去成长。我喜欢看到他们在思考使用极具创新的新技术时迸发出的思想火花，也真的很喜欢看到技术是如何改善人们生活的。

这意味着我们需要严肃思考如何在这样的未来里确保安全。2004 年，在 HOPE 大会[①]上发表主题演讲时，我提到，许多黑客热衷于将他人玩弄于股掌之间，指使人们做奇怪的事情。我的朋友 Kevin Mitnick 在社会工程这一安全领域深钻多年，故深谙此道。

Chris 的书捕捉到了社会工程的精髓，它对社会工程的定义浅显易懂。这次他重新撰写了本书，定义了我们作为人类如何决策以及该过程如何被操控的基本原则。

---

① HOPE 大会是聚集世界各地计算机黑客高手的知名大会。——译者注

黑客行为已经存在很久了，而社会工程行为更是自人类出现就一直存在。本书能武装你、保护你并教导你识别、抵御和减轻来自社会工程的风险。

——史蒂夫·（沃兹）沃兹尼亚克（Steve "Woz" Wozniak）

前　言

我记得以前搜索**社会工程**时，只会搜到诸如“如何搭讪女孩”或“如何免费获得麦当劳汉堡包”之类的结果。而现在这个词似乎已经家喻户晓了。就在几天前，我听到一个跟这个行业完全没有交集的亲友在谈论邮件诈骗。她说：“这就是社会工程的绝佳案例。”

这让我恍惚了几秒。现在距离我决定创建一个专注于社会工程的公司，已经过去八年了。社会工程成了一个日渐成熟的行业，这个名词也变得众所周知。

如果你现在就开始读这本书，那你会很容易误解我的意图。你可能会觉得我完全不介意这项技术被坏人利用，或是帮他们做坏事——这是大错特错的。

当我撰写本书第 1 版时，许多接受我采访的人对我颇有微词，因为他们认为我在帮助那些心存恶意的社会工程人员。我那时的想法和现在一样：你无法真正抵御社会工程，除非你了解其用途的方方面面。社会工程是一种工具，就像锤子、铲子、刀子甚至枪支一样，每种工具都能用于建造、救人、供给或生存，也能致残、杀戮、破坏和毁灭。如果你想了解前者，那就需要对这两种用途都有所了解，尤其是当你想要抵御其攻击的时候。如果你要保卫自己和他人免受社会工程被恶意滥用导致的侵害，那你就要走到其黑暗面，了解它是如何被利用的。

我最近和 A. J. Cook 聊了聊她参演电视剧《犯罪心理》[①]的心得体会。她提到，为了扮演好剧中 JJ 这个角色，她必须常常和真正的联邦探员接触，而那些探员都经手过

① 即 *Criminal Minds*，由 CBS 出品的经典犯罪剧情电视剧。——译者注

多起连环杀人案。同样的概念也直接应用到了本书中。

当你阅读本书时，请保持思维开阔。我已尽了最大努力将我近十年来习得的知识、经验和实践智慧融入本书，但仍难免会有一些错误，或是你不喜欢的内容，抑或是你觉得并不能百分之百理解的内容。对此，我希望你在阅读时保持一定的独立思考。

当我教授一个为期五天的课程时，我一直在要求我的学生们，不要以为我是一个绝无谬误的导师。如果他们的知识、想法甚至感觉与我所说的内容相矛盾，那我会很想和他们讨论一番。我爱学习，也爱拓展自己关于这些话题的理解。

最后，我要感谢你。感谢你腾出宝贵的时间阅读我的这本书，感谢你这几年来一直帮我进步，感谢你的所有反馈、想法、批评和建议。

我真挚地希望你喜爱这本书。

——克里斯托弗·海德纳吉（Christopher Hadnagy）

电子书

扫描如下二维码，即可购买本书中文版电子书。

目　录

第1章
社会工程初探

若你将安全视作成功，那么成功的关键就在于你精准的味觉。

——戈登·拉姆齐（Gordon Ramsay）[①]

我坐在计算机前，开始敲出《社会工程：安全体系中的人性漏洞》的第一段文字。此情此景，恍如昨日。那已经是 2010 年的事了。虽然不想过于夸张，但我还是忍不住想提起那时，即便在颠簸的路途中，我们都不得不用打字机来写那本书的经历。

在那个年代，如果你在搜索引擎上查找 “社会工程”，只会得到几页关于社会工程传奇人物 Kevin Mitnick 的检索结果，以及一些关于“如何搭讪女孩”或“如何免费获得麦当劳汉堡包”的视频。而八年后的今天，**社会工程**几乎已经家喻户晓了。在过去的三四年里，我在信息安全、政府、教育、心理、军事，以及其他任何你能想到的领域里都见证了社会工程的应用。

这种变化令人好奇。一个同事跟我说：“Chris，还不都是因为你。”我猜他这么说本来是想骂我，但当我听到他这么说时，反而感到了一丝丝骄傲。当然，我并不认为凭我一己之力就可以让**社会工程**（social engineering，SE）一词几乎无人不晓。我相信，今天之所以能看到它被人们及其亲友广泛使用，不仅是因为它是最简单的攻击向量[②]（attack vector）——七年前它就已经是了——而且还因为它现在也是攻击者最具威力的武器之一。

---

① 名厨、节目主持人、美食评审。——译者注

② “攻击向量”指黑客用来攻击计算机或者网络服务器的一种手段。——译者注

发起社会工程攻击的成本很低，风险又微乎其微，而潜在的回报却是巨大的。我的团队一直在收集有关社会工程攻击的新闻，同时在网络上搜集和统计数据。我可以很有把握地说，超过80%的数据泄露涉及社会工程。

还记得在2010年，《社会工程：安全体系中的人性漏洞》出版之后，我在接受第一次采访时被问过这样一个问题："你不担心你发表的内容被坏人利用吗？"但对我来说，社会工程就像一种新型战争。

为了更清晰地说明这点，我在这里引用一下李小龙在20世纪60年代来到美国时的故事。那时的种族偏见非常严重，而他又在尝试一些开创性的事情：将截拳道（一种中国武术）传授给不同种族、肤色或国籍的人。在大学里，他和那些自以为很懂格斗的同学交手，并击倒了一个又一个对手。这些对手中的一部分人最终甚至成了李小龙的朋友或学生。

这告诉我们什么呢？人们必须适应新的格斗方式，不然就会一直被击败。李小龙的学生有没有可能利用李小龙的新式格斗术伤害他人、为非作歹呢？有，但李小龙觉得教育他人势在必行，因为这样他们才能得到真正的保护。

因此，我对"你不担心你发表的内容被坏人利用吗"这个问题的回答与八年前一样：如何利用从书中学到的知识，选择权在你自己，但是那些善良的人需要有人来帮助并指导他们。

要想懂得如何抵御这种新型攻击，你要学会的不仅是怎样接招。就像截拳道宣扬的那样，你需要在学习攻击、学习防守，以及掌握攻击和防守的时机这三者之间找到平衡。当你学习成为一名社会工程人员时，你需要有能力像坏人一样思考，同时又谨记自己是个好人。一个比方就是，你需要足够强大，让原力与你同在，但又不会被黑暗力量吞噬。

那么你可能要问："既然你的答案没太大变化，那么为什么你的书还要出第2版？"那就让我给你解释一下。

1.1 第2版有什么变化

这是社会工程的基本问题，其表面上的答案是"没有太多变化"。你可以追溯到很久以前关于社会工程的奇闻轶事。比如，我所能找到的最早记载的故事是在《圣经·创世记》中，这个故事据说发生在公元前1800年。雅各觊觎兄弟以扫即将得到的祝福。他们的父亲以撒视力很差，需要依靠其他感官才能知道他在和谁说话，因此雅各穿上了以扫的衣服，准备了以扫会准备的食物。而最精彩的情节是，以扫的毛发旺盛，而雅各则相反，这是众所周知的，于是雅各把两只羔羊的皮毛固定在自己的双臂和颈项后。当以撒伸出手触摸雅各时，他的嗅觉、触觉和味觉让他认为和他在一起的是以扫而非雅各。这样，根据《创世记》的记载，雅各成功地进行了社会工程攻击！

有史以来，人类相互之间就在不断地上演着一幕幕戏耍、愚弄、诱骗和欺诈的“好戏”。从表面上看，社会工程并没有什么全新的内容，但那并不代表一切都一成不变。

“电信诈骗”就是一个例子。我真切地记得第一次使用“电信诈骗”一词的时候，人们都用那种好像我在说克林贡语一样的眼神看我。说实话，我可能确实说过一句“laH yIlo' ghogh HablI' HIv”（星舰迷应该会懂）。但到了 2015 年，“电信诈骗”（vishing）一词就已经被收录进了《牛津英语词典》。

专业提示　克林贡语是一种虚构的语言，但确实有这么一个机构在讲授、翻译和使用克林贡语。在网上你也可以找到很多克林贡语翻译器。迄今为止，我还没听说过任何人用克林贡语发动社会工程攻击。

为什么“电信诈骗”一词被收录进词典里这件事值得一提？因为它能证明社会工程攻击向量对世界的影响之大。一个“虚构”的单词，如今已是我们的日常用语之一了。

然而，变得司空见惯的不仅是这个单词，如今市场上还出现了一些专门帮助坏人作恶的服务。比如，我曾在为一个客户工作期间，偶然发现了一类专门为恶意钓鱼邮件提供校对和拼写检查的服务，而且该商家能提供全天候不间断的英语服务。考虑到我们的自带设备办公（BYOD）文化，以及大多数移动设备是微型高性能计算机的现状，再加上这个世界对社交网络的依赖，最终你将面对的是一种带有社会工程风格的全新攻击场景。

除了场景的变化外，我也变了。本书第 1 版的英文名是 *Social Engineering: The Art of Human Hacking*。之所以选择这个名字，是因为我觉得那本书中描写的内容更像艺术。艺术是主观的，不同的人会有不同的理解。艺术被应用的方式千变万化，而它被使用、观赏、喜欢或讨厌的缘由也各不相同。

第 2 版英文名为 *Social Engineering: The Science of Human Hacking*。《韦氏词典》对“科学”的其中一个定义是“认知的状态：区别于无知或误解的知识”。八年前，我所做的很多事情还处在安全领域的入门阶段，我在摸索中学习。而如今，得益于过去几年的经历，我终于处在了一种“认知的状态”。

无论你是想要了解社会工程的安全专家，还是想要开阔视野的爱好者，抑或是想要对课程中的相关问题加深理解的教育工作者，我都希望这本汇集自己经验所得的书能给你带来更多价值。我也希望通过在更科学的层面上思索这些内容后，能将这些信息以更有用、更完备的方式传达给你。

1.2　为何需要阅读本书

我觉得本书第 2 版的首章还是要遵循上一版首章的模式，所以我要用些篇幅来探讨一下为什么每个人都该读读这本书。不得不承认，在此处我可能会有失偏颇，还请大家见谅。

你是人类吗？如果此刻你正在阅读本书，你要么是一种高级 AI（人工智能），要么就是人类。我甚至可以说，本书 99.999 999 9%的读者会是人类，而社会工程会采取人类的思维方式，并且对其中的弱点加以利用。

社会工程的目的是让人不假思索地做出决定。你思考得越多，就越有可能发现自己正被人操控，而这自然是攻击者不想看到的。在《社会工程播客》（*The Social-Engineer Podcast*）的第 7 集和第 70 集中，我很荣幸地采访到了埃伦·兰格（Ellen Langer）博士，她讲述了被其称为“α模式”和“β模式”的概念。

《社会工程播客》的相关参考

你可以通过我公司的网站搜索并观看《社会工程播客》中我采访兰格博士的几集。

- 第 7 集是我对兰格博士的首次采访，我们探讨了她的研究内容以及她的书。
- 第 70 集录制于我首次采访兰格博士的 5 年之后。她回来给我们讲述了她这些年来的所学、产生的变化以及我们取得的进步。

α 模式是指大脑的运动频率保持在 8~13Hz 的状态。它的特点通常表现为“做白日梦”，也就是兰格博士所说的“放松的精神集中”。

β 模式是指大脑的运动频率保持在 14~100Hz 的状态。此时，我们的大脑非常警惕而敏锐，能察觉到周围发生的事情。

哪种状态更有利于社会工程？显然是 α 模式，因为在该模式下人的思考与意识变弱。这不仅限于一些含有恶意的情况，情感操控和某些感化都是为了让你在不假思索的情况下采取行动。

比如，你可能会看过这样的广告：一位著名的女音乐家伴随着伤感的背景音乐出现在镜头中，画面随即切换到了一些被虐待、伤害，并且食不果腹的小猫小狗，它们脏兮兮的，看起来奄奄一息；然后音乐家再次出现，一群健康的动物包围着她，她满满的爱意也笼罩着它们。这传达了什么信息？只需要几元钱，这些营养不良、濒临死亡的小动物就能变成可爱的宠物——健康、快乐，而且完全属于你。广告里的图片如图 1-1 所示。

图 1-1　这张图片给你什么感觉

图片来自亚马逊网站动物救助社区（Amazon Community Animal Rescue）

广告作者是出于自私的目的而操控你的吗？不完全是。他们只是知道，如果激发起你的情绪，你就更可能捐款或采取他们期望的行动，其成功率比他们直接使用知识或逻辑来呼吁要高得多。情绪被激发得越强烈，人就越难以理性地思考；人越难以理性地思考，就会越不假思索地依靠情绪来做决定。

回到我之前的要点：如果你是人类，那么这本书就能帮你理解存在哪些类型的攻击。你可以了解到坏人如何利用人性来对付你，还可以学会如何抵御这些攻击，从而保护你爱的人免受伤害。

让我们从社会工程的概述开始。

1.3 社会工程概述

我在探讨社会工程时，通常会从其定义的阐述开始。虽然这个定义十几年来一直被我沿用着，但也有了些与时俱进的变化。

不过，在给出社会工程的定义之前，我需要预先声明非常重要的一点：社会工程并不是“政治正确”的。这个真相或许很多人难以接受，但事实确实如此：社会工程利用的正是人们的性别偏见、种族偏见、年龄偏见和现状偏见（以及不同偏见的组合）。

比如，假设你在进行渗透测试，需要潜入一个客户的大楼。为了能够轻松潜入，你需要一个伪装身份。你的团队中有各种类型的人。如果你觉得最适合这项任务的方式是伪装成清洁工，那么以下哪个人最适合该角色？

- 40岁的金发白人男性
- 43岁的亚洲女性
- 27岁的拉丁裔女性

如果你觉得最好是伪装成公司内部厨房的工作人员，那么以下哪个人最适合该角色？

- 40岁的金发白人男性
- 43岁的亚洲女性
- 27岁的拉丁裔女性

实际上，无论以上哪种类型的人，只要是娴熟的社会工程人员，就都能出色地完成任务。但谁来伪装最不会惹人怀疑呢？

请谨记，思考是社会工程的大敌。

有了这一点，我们再回到对社会工程的定义：

> 任意一种能影响某人采取可能符合或不符合其最大利益行动的行为，称为社会工程。

为什么我的定义如此普适和宽泛？因为我相信社会工程并非**永远都是负面的**。

今时不同往日，现在如果你说“我是黑客”，那人们可能会被吓得到处寻求庇护，还会顺手把路过的所有电子设备都断电。“黑客”的含义曾是“此人知晓某件事的原理”，他们不满足于基本知识，而是需要深入挖掘出一切事物的内在原理，在理解了其内在原理之后，他们便会想方设法绕开、加强、利用或改变它的最初用途。

在写本书第1版时，我想确保自己所定义的社会工程不会总让人联想起一个恐怖的骗子。能被坏人所使用的社会工程原理也完全可以用于行善，我这样认为，也希望人们能明白这一点。

我经常拿这件事来举例：如果你过来对我说“嘿，Chris，我想和你一起举行个公主茶话会——你围一条粉色围巾坐在这儿，我们边聊迪士尼公主，我边给你做个美甲”，我不但会笑话你，还会慢慢后退，伺机逃得远远的。不过，我不得不承认，类似这样的场景确实发生过。

为什么？因为女儿曾邀我参加公主茶话会。你可能会说：“这不能算，毕竟你爱她！”我承认，我对她的爱是让我答应她的重要因素，但是请你思考一下让我做出这种决定的心理学原则。换成其他人的话，我肯定会在纳秒之内就回绝这类要求，而现在为了回答一句“好”，必须绕开我的常规决策机制。

冷 知 识

由于纳秒是十亿分之一秒，而人类说话的平均速度是每分钟 145 个词，所以其实我基本上不会在纳秒之内“说”一个“不”字。换句话说，能每秒移动 30 万千米的光，1 纳秒也就移动 0.3 米。

当理解了决定是如何产生的，你就能开始理解恶意攻击者是怎样借助情绪触点、心理学原则和社会工程学中的巧妙应用，来让你“采取不符合自身最大利益的行为”的了。

在《社会工程播客》第 44 集中出场的 Paul Zak 博士著有 *The Moral Molecule: How Trust Works* 一书。在那本书以及我们的播客中，他提到了自己所做的一项关于名为催产素的激素的研究。通过研究，他展示了这种激素与信任的紧密联系，也就是他所阐明的一个很重要的观点——当我们感觉到被对方信任时，催产素就会被释放进我们的血液。请理解至关重要的一点：你的大脑不仅会在你信任别人的时候释放催产素，在你感觉到被信任时也会如此。根据 Zak 博士的研究，这种现象会在你和对方面对面交流、电话交流、线上交流时，甚至你无法看到那个所谓“信任”你的人时发生。

《社会工程播客》的相关参考

详见《社会工程播客》第 44 集中我和 Zak 博士关于他毕生工作的谈话。

我们的大脑释放的另一种化学物质叫作多巴胺。这是大脑产生的一种神经递质，会在人感到愉快、幸福和受到鼓舞的时刻释放出来。利用好催产素和多巴胺，你就拥有了社会工程专用武器，就可以无往而不利。

多巴胺和催产素会在亲密的时刻从我们的大脑中释放出来，也可以在正常交谈时释放出来，而这种交谈就是社会工程的核心。

我相信，我们每天都会无数次地在无意识的情况下，对伴侣、老板、同事、牧师、治疗师、服务人员和其他每个遇到的人应用相同的原则。因此，了解社会工程以及与同伴交流的技巧，对当今的每一个人都是必要的。

如今的技术已经发展到能让我们轻松地用各种表情包和少量的字符（一般少于 280 个）来交流。因此，交流技巧的学习会变得愈加困难，更别说识别这些技巧是否被应用在自己身上了。更进一步说，在这个社交网络构造出的社会里，我们不介意跟别人说一些关于自己的事情，甚至乐于这么做。

如果从恶意者的视角，我会把社会工程分解为以下四个攻击向量。

- **短信诈骗**（SMiShing）：没错，确有其事。它代表“SMS① phishing”，或通过手机短信诈骗。2016 年美国富国银行（Wells Fargo）遭到入侵时，我收到过如图 1-2 所示的诈骗短信的攻击。

(wells_.fargo) Important
message from security
department!
Login.-=>
vigourinfo.com/
secure.wel5farg0card.html

图 1-2　受害者众多的一次短信诈骗

最恐怖的地方在于，我根本不用美国富国银行的服务，但还是受到了攻击。（不，我不会告诉你我用哪个银行的——你想得美。）

只需简单的一次点击，这些攻击就可以盗取机密或在移动设备上安装恶意软件，甚至有时候两者兼有。

- **电信诈骗**：我已提到过这个概念，它指的是语音钓鱼（voice phishing）。自 2016 年以来，这种方式的攻击向量急剧增加。它简单、便宜，能为攻击者带来暴利。此外，定位国外打来的伪造号码并抓住攻击者几乎是不可能的。
- **网络诈骗**：社会工程领域最常被提起的话题就是网络诈骗。实际上，本书的技术编辑 Michele 和我在一本叫《社会工程：防范钓鱼欺诈（卷 3）》的书里谈到了这个话题（没错，我又毫不含蓄地插播自己另一本书的广告了）。目前来看，网络诈骗是四个主流攻击向量中最为危险的。

---

① Short Messaging Service，即短信服务。——译者注

- **冒充**：我知道，应该给这种攻击采用“某某诈骗”的命名形式，但是不行，我最多是把它放在最后，因为它与其他几种攻击不同。然而，把它排在最后绝不意味着我们无须像对其他攻击向量一样担忧。在过去的 12 个月里，我们搜集了数百起骇人听闻的冒充雇员、警察和联邦探员的犯罪事件。2017 年 4 月就有一名男子冒充警察被抓，此人买卖儿童色情制品，并通过冒充警察来牟利。

你所接触到的每一起社会工程攻击都能被划分到以上四种类型中。最近出现了一种所谓的“组合攻击”（combo attack），即恶意的社会工程人员在一次攻击里运用多个向量来达到其目的。

在分析这些攻击时，我领会到了一些模式，这些模式不仅能识别出攻击中使用的工具类型和步骤，还能帮安全专家更加明确地定义攻击的执行过程，从而用来教育和保护他人。我称其为社会工程金字塔。

1.4 社会工程金字塔

在说明构思过程以及每一部分的含义之前，让我们先直观地看一下图 1-3 中的这个金字塔。

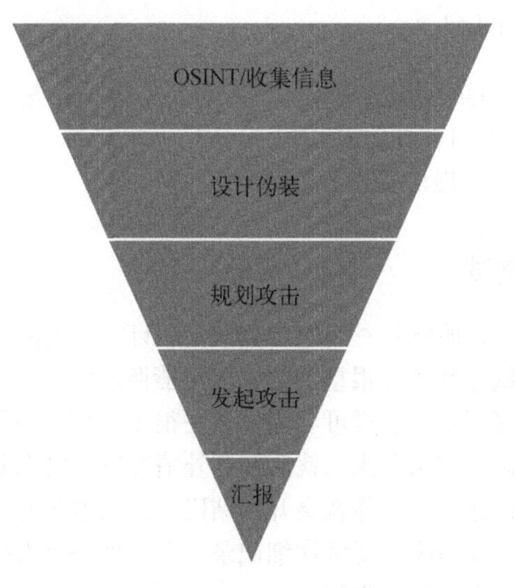

图 1-3 社会工程金字塔

如你所见，这个金字塔分为几部分，并且从社会工程专业人士——也就是并非出于邪恶目的滥用社会工程，而是为了帮助客户而使用社会工程的人——的角度来审视社会工程。

下面我将依次定义金字塔的每个部分，并在本书中深入探讨每一层的细节。

1.4.1 OSINT

OSINT，又称开源情报（Open Source Intelligence）收集，这是每个社会工程项目必不可少的部分，同时也是我们花费时间最多的部分。因此，它占据了金字塔的第一层，也是最大的一层。金字塔中的这一层中有一个很少被提及的因素，即信息存档。如何对你找到的所有信息进行记录、保存和分类？我将在下一章更详细地探讨这一关键因素。

1.4.2 设计伪装

根据 OSINT 阶段的所有发现，下一个合理的步骤便是开始设计你的伪装身份。这个步骤很关键，最好基于 OSINT 来进行。在该阶段，为了确保攻击测试成功，你需要考虑做哪些调整和补充，也要明确需要哪些支撑或工具。

1.4.3 规划攻击测试

有了成型的伪装并不代表你准备好了。下一步是计划好 3 个 W：what（什么）、when（何时）及 who（何人）。

- 计划是什么？我们的目标是什么？客户想要什么？这些问题会帮你完善下一步。
- 发起攻击测试的最佳时间是何时？
- 谁需要随时待命来提供支持和辅助？

1.4.4 发起攻击测试

有意思的部分来了，那就是发起攻击测试。制订完攻击测试计划之后，你已经做好准备全速前进了。做好准备是很重要的，但不能照本宣科，否则会显得过于生硬。我非常赞成你把计划写下来，这样可以为你省去很多麻烦，但我要警告你的是，如果你把每件需要做的事逐字记录下来，就会在意外情况发生时遇到问题。你会发现记录中没有什么内容可以帮你，于是你就会开始结巴，感到紧张并流露出恐惧，而这往往会导致任务失败。所以我建议不要做详细记录，而是列一个大纲，它在给你可遵循的轨道的同时，又给你自由发挥的空间。

1.4.5 汇报

可别跳过这一部分，它值得一读。没错，汇报是没什么意思，但你可以这么想：

客户为了你的服务付了款，而你很可能非常成功地完成了这些测试，但他们雇你并不是为了装酷，而是为了了解自己如何才能解决问题。因此，汇报阶段处于金字塔的尖端，而金字塔的其他部分都依托在这个小尖顶上。

遵循这个金字塔的五个阶段，不仅会让你的社会工程人员生涯取得成功，还会让你成为一名能给客户提供社会工程服务的专业人士。其实，世界上那些恶意社会工程人员遵循的也是上述步骤，只是不包含汇报阶段。

2015 年，Dark Reading 报道了一起涉及该金字塔的恶意攻击。（你可以到 Dark Reading 网站搜索并阅读“CareerBuilder Attack Sends Malware-Rigged Resumes to Businesses”一文。）

(1) 攻击者调查了几个攻击目标，并在 OSINT 阶段发现，他们的目标用了一个叫 CareerBuilder 的流行网站。

(2) 在完成 OSINT 阶段后，攻击者开始设计伪装。他们最终打算假扮成一名求职者，一名无论他们的目标提供什么职位，都希望被雇用的求职者。他们认识到，他们需要的工具是一些混入恶意代码的文件和一些看起来很真实的简历。

(3) 他们根据“3 个 W”的答案来计划攻击。

(4) 然后发起攻击。他们并未把恶意文档直接发送给目标企业，而是上传到了 CareerBuilder。发布招聘信息的企业会收到邮件通知，得知有新的申请人，而那封邮件就包含了攻击者上传的附件。

(5) 虽然他们并没有继续进入任何实质性的汇报阶段，但多亏了 Proofpoint 的一些研究员，他们让我们看到了一些有关该次攻击的实质性汇报。

这次攻击非常成功，因为这封邮件来自深受信任且信誉良好的网站（CareerBuilder），所以目标在收到邮件后，便会不假思索地打开其附件，而这正是恶意的社会工程人员的目的：让目标不考虑潜在危险，就采取不符合其最大利益的行为。

1.5 本书内容概要

当开始规划这本书时，我想确保自己能遵守《社会工程：安全体系中的人性漏洞》第 1 版的大纲，从而使得本书能像第 1 版一样让人受益匪浅。同时，我又想有所改变和更新，使其包含一些新型攻击测试以及第 1 版没有探讨过的内容。

我想确保自己能听到来自书迷、研究员、读者和书评家的各种评价，因为这将使得本书的内容更上一层楼。下面让我来概述一下本书的结构，这样你就可以对本书后文的内容有所期待了。

第 2 章沿着金字塔标出的路径探讨了 OSINT，并涉及一些经典技术。我力求避免过多纠缠于实际工具，虽然其中提到了近十年来我所使用的若干工具。

在第 3 章中，我研究了一个第 1 版几乎没有涉及的话题，深入探讨了一些现代通信建模工具和画像工具。

在第 4 章中，我开始研究伪装。很少有人脱离社会工程学来讨论这个话题。这一章总结了我多年来积累下来的技巧、窍门，以及各种经验（包括成功的和失败的）。

在第 5 章中，我汇集了来自许多播客、新闻刊物和一些与世界知名人物（比如 Robin Dreeke）的谈话的信息，并将建立融洽关系的原则应用到了社会工程中。Robin Dreeke 是 FBI（美国联邦调查局）行为分析小组（Behavioral Analysis Unit）的组长，也是我的好友。他极其擅长建立融洽关系和信任关系，并且定义了这两种关系的建立步骤。

第 6 章是社会工程领域影响力研究领导者 Robert Cialdini 的成果应用。这一章采用了从他历年研究中发展出来的原则，并展示了这些原则如何为社会工程人员所用。

第 7 章定义了框架和诱导，并概述了人们是如何精通两者的。

在第 8 章中，我们回归到了一个我最喜欢的话题：非语言。我在《社会工程 卷 2：解读肢体语言》一书中深入地探讨了这个话题，但这一章是一篇新手指南，旨在帮你在这个非语言的世界里起步。

在第 9 章中，我将前 8 章的内容应用到了五种不同类型的社会工程攻击测试中。这一章展示了应用本书中的原则对专业社会工程人员的重要性。

第 10 章讲到了防治。作为一本有关职业社会工程的书，确实应该有这么一章来探讨对抗社会工程攻击的四个步骤。

最后，和其他的美好事物一样，本书也要有一个结尾。因此，本书以第 11 章收尾。

我在本书中承诺以下几点。

(1) 我承诺不把维基百科作为有价值的参考资料引用出处，尤其是在涉及研究时。（这是我从错误中吸取的教训。）

(2) 我承诺会把这七年多来自己所经历的很多故事讲给你听。有时我会从不同的角度讲同一个故事，这是为了让你真正领悟其中的要点。但为免让你感到无聊，我会尝试穿插着讲述这些故事。

(3) 在引用一些在各自领域里颇有建树的人物的研究或成果时，我会确保附上参考来源，以便你能深入研究任何自己感兴趣的话题。

(4) 就像对待自己的第一本书一样，我热烈欢迎各种“骚扰”、评论、建议和批评。

我唯一期望的就是你能够正确地理解本书。如果你是个新手，那么本书可以帮你学到成为专业社会工程人员所需的要素；如果你已身经百战，那我希望通过我分享的一些故事、技巧和窍门能给你的方法库增添一些新工具；如果你是社会工程爱好者，那我希望你能以与我撰写本书时同样的热情阅读本书；如果你是怀疑论者，那么请你明白我没有自诩为社会工程的唯一救世主的想法，我只是一个满怀热情的社会工程人员，想把自己多年的经验分享出来，以期这个世界尽可能安全。

1.6 小结

我的书每次都要配上一个和烹饪有关的类比才算完整，比如下面这个：每一份精致的菜肴，事先都需要大量规划，然后配以一组新鲜食材，最后是兼具艺术与科学的执行过程。社会工程的本质纵然十分简单，却并非一份适合新手的配方。它包括理解人类如何做出决定，他们的动机是什么，以及如何在控制自己的情绪的同时利用别人的情绪。

本书的主题与当今社会息息相关，一如八年以前——甚至更加相关了。在过去的八年里，我看到许多人成长为专业社会工程人员，也看到许多恶意的社会工程人员经历了人生的大起大落。

因为攻击本质上十分依赖人的因素，所以所有安全专家都需要了解社会工程。但这个话题还有很多可以探讨的地方。还记得当我是一名主厨的时候（大概在很久很久以前的“前世”吧），导师会让我把每一样原料都尝一点。这是为什么呢？

因为他告诉我，如果我不能真正理解每样东西的味道的话，就无法明白“品尝”的含义。如果我知道配方中需要一些辣根，而且我想把菜做得辣一些的话，那我就应该多加一些。当知道某种食材已经含盐时，我可能会调整菜谱中的含盐量，这样这盘菜就不会太咸了。这么说你就明白了吧？

即使不从事安全行业，你也必须明白每种原料的“味道”，才能得到保护。和他人建立融洽关系的意义是什么，以及对方如何利用这一点分走你的钱？（第 5 章讲述了这一点。）如何在启发式对话中施加影响而使对方通过电话“交出”自己的密码？（第6章和第7章讲述了这一点。）

每种原料都能让你进一步明白什么是“味道”。当明白这一点后，就能在别人对你行骗时意识到这一点，你也就变得更加安全。这样你才能在察觉出事情不对劲儿的时候转而采取防御措施。

你是否看过戈登·拉姆齐主持的厨艺大赛？他在品尝自己不喜欢的菜时，会分析具体问题：“这盘菜加了太多胡椒，油也用了太多。”而一个新手则会评价说：“太辣、太腻了。”这两种描述一样吗？我认为答案是否定的。我的目的就是帮你成为社会工程世界中的戈登·拉姆齐——不过可能会比他少说点粗话吧。

说了这么多，我们快进入“口感香醇”的第一章，探讨一下 OSINT 吧。

第2章 我们看到的是否一样

勿以成败论英雄。

——齐格·金克拉（Zig Ziglar）[1]

OSINT 意为开源情报，是社会工程的命脉，其中情报是每次行动的出发点和支撑点。因为 OSINT 对社会工程人员来说非常重要，所以有必要了解各种获取目标的相关情报的方法。

无论用什么途径获取 OSINT，我们都需要明白自己要寻找的究竟是什么。这件事看似简单，其实并不容易。我们不能笼统地说“我想要关于目标的所有信息”，因为每种信息的价值均不相同，而且其价值也取决于你要发起的攻击类型。

2.1 OSINT 收集实例

下面先试着从其他视角看一下这个问题。据 WorldWideWebSize 网站统计，截至本书写作之际，全世界被索引的网站超过 44.8 亿个。其中还不包括那些没有被索引到的网站，比如暗网或深网上的网站[2]以及其他诸如此类的网站。每年全球互联网流量达到 1.3 泽字节[3]。甚至有资料表明，全球互联网总共能容纳 10 尧字节[4]的数据。

① 国际知名的演说家、作家。——译者注

② 互联网上那些不能被标准搜索引擎索引的非表面网络内容。——译者注

③ 泽字节（zettabyte），即 1 300 000 000 000 000 000 000 字节。

④ 尧字节（yottabyte），即 10 000 000 000 000 000 000 000 000 字节。

趣味小知识

比泽字节更大的字节单位称为尧字节，这个有点奇怪的名字源于《星球大战》的角色尤达（Yoda）。还有几个比尧字节更大的字节单位，取的名字也更奇怪，比如，schiilentnobyte和domegemegrottebyte。

为什么对互联网流量的理解如此重要？举个例子，如果我们想进行鱼叉式钓鱼邮件测试，可能就需要寻找目标喜欢什么、讨厌什么，以及其他对目标有价值的东西。但如果我们想对目标进行渗透测试，那可能就得关注一些细节，比如目标的工作、他在工作中的角色，以及他在工作内外都会和哪些人或事接触。如果目标出现在现场，那就需要知道目标是否会与他人会面，以及这些人会是谁。

因为可用来搜集有用数据的网站多达44.8亿个，所以在深入挖掘信息之前，我们必须先规划好OSINT的整个流程。

表2-1中的一系列问题可以帮助确定我们真正需要的因素。

表2-1 OSINT问题示例

组织类型	要问的问题
公司	该公司如何使用互联网
	该公司如何使用社交媒体
	关于员工可以在互联网上发布什么样的信息，该公司是否有相关政策规定
	该公司有多少供应商
	该公司有哪些供应商
	该公司如何收款
	该公司如何付款
	该公司是否设立客服中心
	该公司的总部、客服中心或其他分公司位于何处
	该公司是否允许自带设备办公（BYOD）
	该公司的办公地点有一处还是多处
	该公司是否有可用的组织结构图
个人	此人拥有什么社交媒体账户
	此人有什么爱好
	此人一般去何处度假
	此人最喜欢哪家饭店
	此人的家族史（比如疾病、事业等方面）如何
	此人的教育程度如何，学过哪些专业
	此人的职业是什么（包括是否在家办公，是否为自由职业，向谁汇报工作）
	是否有任何提及此人的网站（比如他的公开演讲、论坛发言，或者他是某俱乐部的会员）
	此人是否拥有房产？如果是，相关的财产税、留置权等情况如何
	此人的家庭成员姓名（以及他们的任意相关信息，如上所述）

当然了，表 2-1 中的问题仅涉及皮毛。我们还可以加入其他内容，比如使用的计算机型号、职员日程表、使用的语言和杀毒软件类型等。

请看一条 2017 年的头条新闻。故事发生在前联邦调查局（FBI）局长 James Comey 身上。一个网络博主兼调查人员想看看能否定位到 James Comey 的社交媒体账户。因为 Comey 是 FBI 局长，所以连他是否拥有社交媒体账户都未向大众公开，更别说如何定位了。这就是这个与 OSINT 有关的故事的起因。

图 2-1 展示了该博主完成整个调查的完整步骤。我们先看一看，然后再逐步讲解。

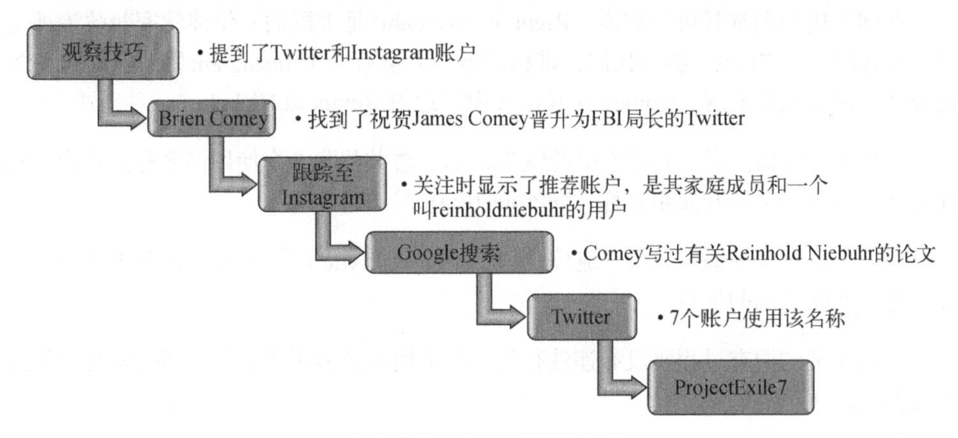

图 2-1　在安全的目标上进行惊人的 OSINT

首先，调查人员需要确定自己究竟想发现什么：Comey 局长是否拥有社交媒体账户？如果有，怎么定位到这些账户？

事实证明，仅凭互联网上的信息来调查是非常困难的。2016 年，一个网站列出了“排名前 60 的社交媒体平台”。因为有这么多可用的平台，而且它们的规则和使用方式也千变万化，所以想要在其中找到一个人就像大海捞针一样困难。

所幸一种形式最古老的 OSINT 帮了这个调查人员的忙，那就是“听”。在某次面向公众讲话时，Comey 局长提到他有 Twitter 和 Instagram 账户。

这句话帮助调查人员把研究范围从 60 多个社交媒体平台缩小到了 2 个，这极大地方便了后续的调查。

调查人员没有找到任何与 Comey 局长直接相关的账户，于是锁定了局长儿子 Brien Comey 的 Twitter 账户。Brien 在 Comey 局长晋升为 FBI 局长时曾向他表示过祝贺，所以调查人员能够确定两人之间的关系。

用户一般会将多个社交媒体账户进行关联，而 Brien 就将他的 Instagram 账户与 Twitter 账户关联在了一起。调查人员查看了他的 Instagram 账户，但因为 Brien 设置其账户状态为非公开，所以只有那些经过许可的账户才能看到其中的内容。

调查人员决定向 Brien 发起关注请求。Instagram 有一个特点，当等待某用户接受你的关注请求时，系统会向你推荐跟这个用户同一圈子的其他用户，便于你同时关注他们。Instagram 向调查人员提供了一些用户，这其中有 Brien 的家庭成员，而且还有一个名为 reinholdniebuhr 的用户，但没有 Comey 局长。

在网上稍加调查就可以知道，Rienhold Niebuhr 是美国的一位神学家兼政治评论家，但他故于 1971 年，所以我们很难相信他本人会有一个 Instagram 账户。经过一番调查后，调查人员发现，Comey 在其论文中讨论过 Reinhold Niebuhr。

掌握了这些信息后，调查人员搜索 Twitter，总共找到 7 个使用该名称的账户。除此之外，还有一个公开使用名称“@ProjectExile7”的账户。

调查人员继续挖掘，发现“流放计划”（Project Exile）是 Comey 在里士满担任联邦检察官期间启动的项目。

调查人员的调查过程既没有违法行为，也未使用黑客手段，在梳理线索时仅关注了开源情报源。

这个例子融合了技术型和非技术型的 OSINT，是对每个社会工程人员来说都极具教育性的好案例，也是本章后续内容（OSINT 的类型，以及作为社会工程人员如何利用这些 OSINT）的基础。接下来的内容主要分成两部分：技术型 OSINT 和非技术型 OSINT。

存档还是不存档，这是个问题

在我们直接开始了解几种 OSINT 之前，我想先补充一些自己对存档的看法。

是否存档不是问题的关键；问题的关键在于什么信息会被存档，以及有多少信息已经存档。

思考一下本章开头所说的：在 10 尧字节数据中执行搜索时，你会找到大量关于目标的信息。然而，不管一个人有多么聪明，除非他有过目不忘之能，否则是无法记住每个细节的。而且即使拥有这种能力，也无法仅根据记忆来完成专业的报告。

我无法确切地告诉你应该如何存档，因为这需要考虑太多的因素。以我自己的经历为例。刚走上这条职业道路时，所有的工作都要由我这个新人来做。于是我使用了先进的记事本程序，为每个客户建立一个文件夹或笔记，并将笔记划分成不同部分，比如“个人”“商务”“家庭”“社交媒体”等。每当找到一条 OSINT 时，我就会将它记录在合适的部分，以便在撰写报告时能更容易地找到该数据。此外，我还用了一些小技巧，比如用特定颜色来标记用于攻击的事项，用一种颜色表示“一般重要”，用另一种颜色表示“关键性发现”。

后来我的团队开始成长，一个项目开始有多人合作。我渐渐意识到，来回传阅记事本并不合适，必须找到一个能让团队共享笔记的方案。

起初，我考虑了类似 Google Drive 的应用程序，包括一些云笔记以及其他基于云的工具。

然而，这些解决方案带来了一些问题。

- 我的任务是获取社会保险号、银行数据，以及其他与人们生活有关的隐私和个人细节，如果我使用的工具被恶意攻击了怎么办？（2013 年印象笔记被入侵的时候发生过这种事，超过 5000 万账户的密码因此被迫修改。）
- 我无法控制这些工具的访问方式和数据管理方式。
- “云”这个字眼常常会让一些客户感到不安而拒绝接受。

于是，我开始搭建自己的服务器。依托于一个安全可靠的服务器托管服务，我和团队搭建了自己的安全的 VPN 服务器，并自行选择了合适的软件，安装在了自家服务器的防火墙、路由器和 VPN 上。

这样我就能掌控数据的存储、管理、备份、传输和保护了。对我们管理客户数据的方式，我非常有信心，因此得以高枕无忧。

也许你有不一样的存档方法，但有一点很重要，那就是我们要重视如何存储、管理、备份、传输和保护任何从客户身上收集到的数据。

2.2 非技术型 OSINT

在我看来，非技术型 OSINT 的特点就是不涉及社会工程人员和计算机之间的**直接**互动。当目标使用计算机时，你也许可以在其身旁看到屏幕上的信息，但你（社会工程人员）并没有使用计算机。这就是你用非技术手段收集的信息。这方面有许多具体的方法，尽管可以一一详述，但不妨将它们笼统地称为**观察技巧**。下文给出了几个例子。

2.2.1 观察技巧

观察技巧看似简单明了、易于使用，但成功地使用它们并非易事，尤其是在数字媒体盛行的时代，这个大背景下的营销技巧让我们已经无法关注细节了。来自美国依隆大学的 Emily Drago 在 2015 年进行的一项题为“The Effect of Technology on Face-to-Face Communication”的研究中指出，面对面交流的质量已经因技术的发展而下降了。研究中，有 62%的被观察者在与他人交流时使用了移动设备，即使他们明白这会降低交流的质量。

我们身处的社会中，280个字符[①]和表情符号组成的信息在大量传播，人们通过表情包或社交媒体信息交流。使这些事情成为可能的科技进步虽令人赞叹，但也导致了一个问题：人们没有那么关注交流的对象了。这也是观察技巧排在非技术型 OSINT 列表第一位的原因。

你可能会提出这样一些问题。

- “观察技巧”这一术语包含什么内容？
- 如何自学这些技能？
- 我将从中收获什么？

我们来一一探讨这些问题，看看你能观察和学到什么。（弄明白我是怎么做的了吗？）

1. 观察技巧包含什么

以下情景中，我们给出一些观察技巧的实际应用案例。

- **情景1**

你的任务是进入一家大型医疗机构的邮件收发室，而且必须在大白天进行。你既不会撬锁，也不会爬墙或者跳窗，因此需要试试能否让前台和保安允许你进入受限区域。这样，你就必须经过这家医疗机构的职员工作的地方。

请务必学习并掌握以下几条 OSINT 的观察技巧。

- **着装**：这是重要、简单但时常被忽略的一点。我在第1章提到过，社会工程人员的目的是让人们不假思索地做出决策。如果一个人穿着商务装闯进一个所有人都穿得很随意的地方的话，那么他一定会引起周围人的注意，反之亦然。所以请了解职员的穿衣风格，并保持着装一致。
- **出口和入口**：在进入大楼前，请弄清楚出口在哪儿。是否有某个门口聚集了很多吸烟者？是否有某个入口的看守比其他入口更严？换班是否会导致某个岗位空缺或人手不足？
- **进入条件**：进入该机构或区域的要求是什么？你是否看见职员佩戴通行证？何种通行证？戴在什么部位？他们是否也需要使用某种访问码？是否会有人引领访客？是否会发放通行证给访客？进入后，是否存在入侵侦测、旋转闸门、安检台或其他安全设备？

---

① Twitter 中每条推文的字数限制是280个字符。——译者注

- **周边安防**：检查大楼周围，是否安有监控摄像头？是否有守卫巡逻？是否有锁起来的大型垃圾桶？是否有某种警报或动作触发式的防卫系统？
- **安保人员**：他们是忙着看手机或者计算机屏幕，还是警惕性十足、全神贯注？他们看起来是无聊透顶还是干劲十足？
- **大堂配置**：你能否在密码键盘等安全设施处得到密码？（换句话说，你是否能足够接近正在输入密码的人，并看到他正在输入的密码？）

当然了，还有更多的事物需要观察，但以上这些是基本的。

接下来这个真实发生的故事包含了上述衣着装扮、出入通道、进入许可和周边安防几个准则，有助于我们理解它们的重要性。Michele（本书的技术编辑）和我被委派了本节开头所述的那个任务。我们需要做大量的技术型 OSINT，这部分将在本章后半部分里讲到，同时也做了大量对于成功起到关键作用的非技术型 OSINT。

我们决定伪装成害虫防治公司的员工，假装去进行紧急蜘蛛防治喷药的评估报价。我们自称来自“大蓝灭虫”（Big Blue Pest Control）公司，并随身携带了一整套灭虫装备和定制的蓝色“药水”喷雾器，用来消灭我们在评估过程中看到的蜘蛛。不过，所谓的药水其实是装在喷雾器里的蓝色佳得乐[①]。

趣味小知识

随身携带的伪装成药水的蓝色佳得乐是补充能量和提神醒脑的极佳饮品。当你因闯进大楼而紧张或大汗淋漓时，它能为你解渴。但如果你在电梯里对着“药水”喷雾器大口畅饮，被别人撞见了，他们可能会像看怪物一样看你。

我们先开车在周围转了转，注意了一下入口、出口、摄像头位置、吸烟者聚集地，以及看起来行人最多和最少的入口。此外，我们还记录了进进出出的职员是否佩戴通行证，以及他们的衣着。然后，我们选择了最初的入口点，开始缓慢地走向那扇门。之所以走得这么慢，是因为我们想观察其他人的进入方式。

我们看到，有两个保安在负责监督，在确保每个人都在金属台上刷过通行证后，才会放他们进去；右边还有一个安检台，有人在负责一个签到表。

一切尽在掌握之后，我们决定试着直接绕过保安，跟随人群进入，但完全没成功。我们被一个保安拦住了，他问我们在干什么，为什么在这里。我低头在他的名牌上看到了他的名字，然后开始说：“Andrew，是这样的，我们是被请来给一个紧急蜘蛛防治喷药提供评估报价的……”我话刚说了一半，保安就打断我：“好吧，去那个桌上签到。”

① 一种运动饮料。——译者注

我以为我们就这样蒙混过关了。但当走到桌边时，坐在那里的人问了我们的名字。我们给了假名之后，他扫视了一张名单，没找到我们的名字，于是说："不好意思，你们不在本日的访客名单内，未经许可，你们不能进入。"

我们试着晓之以理，动之以情，但对方丝毫不为所动，于是我们只得退出前门。我们一边在周围闲逛，一边讨论下一步的计划。我看到一些抽烟的人在外面休息，于是让 Michele 跟着我，假装我们是一起的，走向那些抽烟的人，并开始检查大楼的外围。我还假装在笔记簿上做记录。

我们又开始慢慢地向前走。在看到几个人开始往门那边走之后，我们便尾随其后。跟着这群人进了楼之后，我很快注意到，前方正巧坐着刚才拒绝我们进入的保安。我看到右手边有个电梯，但没有按钮。"糟糕，"我想，"这是由安保人员操控的电梯。"我刚思索完，电梯门刚巧开了，于是我迅速溜进去，并希望 Michele 能看到并跟上我。

所幸，这是 Michele 的拿手好戏，她既没有跟丢，也没有表现得过度紧张。电梯里有一群人，Michele 立即以所有人都能听到的音量说："老板，我们能快点干完活吗？我快饿死了，你还说要干完活才能吃饭。"

电梯里有个女人用一种不满的眼神看了我一眼，说："让这位可怜的女士吃点东西吧。"我回答："我也想，但我们还要再检查一层楼。我们越早结束，她就能越快吃上饭。"

女人叹了口气，说："那我带你去……"我插话说："去邮件收发室。"女人拿出她的通行证，在电梯的感应器上刷了一下，按了几个按钮，然后说："我顺便带你去。"

谢天谢地！多亏了 Michele 精湛的观察技巧和我的随机应变，我们的伪装才没被识破，而且还被一位善良的女士送到了那个访客不能随便进入的楼层。（Michele 并不完全是"装"的，她总是喊饿。）

在邮件收发室所在的楼层，我们下了电梯，却发现房间锁门了。门铃上有个便签，上面写着"有事请按铃"，我们便按了铃，开始等待。

一个女人来到门前，问道："有什么需要帮忙的吗？"我们信口开河地扯了些谎，说着关于做评估之类的话，她便回答道："我要呼叫一下安检台，获得许可。"

如果她叫了保安，我们的行动可就露馅儿了，于是我说："你想叫就叫，反正是 Andrew 送我们到这儿来干活的。"

她说："哦，是 Andrew 送你来的吗？那你们进来吧。"她让我们进了收发室，并说："别碰邮件。"我们挪开数不胜数的邮件、网线和吊顶的瓷砖，挨个检查天花板。

通过这个故事可以看出，很多事情之所以能顺利进行，是因为我们能做到迅速观察，并将得到的信息分类整理，以备后用（而这只是开始）。

我不知道自己会用到 Andrew 的名字；Michele 不知道我们会在电梯里遇到一位富有同情心的女士；我们都不知道自己会遇到一群不关心我们尾随而入的、冷漠的吸烟者。但这些观察给了我们有用的信息，并使我们最终获得了成功。

- **情景 2**

你的任务是对一名在一家美国大公司工作的知名律师进行鱼叉式钓鱼攻击测试。关于她的任何信息，只要你能找到就都可以使用。

我们把这部分的细节留在讨论技术型 OSINT 时再展开，而我的某次惨败经历值得先说一下。

在 OSINT 阶段我们发现，该律师曾在马萨诸塞州处理过案子，而且最近马萨诸塞州的税法有更新，这可能会引起她的兴趣，可以用来诱导她单击链接或打开恶意附件。

我精心编写了一封有关马萨诸塞州该项税法更新的邮件，从各个方面策划了这次具有针对性的测试。邮件文笔老练，不带有一丝威胁的意味，并附有我们准备的带有攻击测试工具的附件，而且给出了阅读和回复的具体时限，以及其他足够多的细节，以此来确保她会单击并查看更多信息。

邮件刚发送了几分钟，我们就被识破并被举报了，整个测试项目也彻底宣告失败。你能找到前面几段文字里的漏洞吗？我给你几分钟回顾一下，再告诉你答案。

时间到！

马萨诸塞不是个州，而是个联邦。关注细节是这个律师的特长，当收到这封有关马萨诸塞州税法变化的邮件时，她就心里犯嘀咕："他们应该知道马萨诸塞不是个州，而是个联邦啊！"于是，她就查看了寄件地址和网址，然后起了疑心，举报了这封邮件。我们的伪装也就因此露馅了。

我们没有注意到这个小细节，并因此损失惨重。

这个情景的教训是，我们需要尽可能观察一切，站在社会工程攻击测试目标的角度思考，尝试理解他们期望看到的，并投其所好。否则，你可能因某个细节做不到位而失败。

2. 如何自学这些技能

这个话题很难在短短一节中讲明白。每个人的天赋和学习能力各不相同，因此在学习这些技能时，有些人会感觉很容易，有些人却会感觉很难。鉴于每个人的情况不同，我只能讲一下我自己是如何努力提高这些技能的。

我会按照“夺旗赛”的步骤玩个游戏。如果要进入一栋大楼（比如，目标是医生的办公室），我就会对自己说：“我的目标是记住前两个我看到的人，他们的衣服是什么颜色，以及他们在读什么杂志或者在做什么。”

我会设置以下约束条件：

- 这两个人不能是柜台后面的服务人员；
- 在观察的同时，我必须专注于任务，不能中途暂停或分神；
- 我不能用笔记录。

然后，我会进入大楼，观察四周，并在离开之前尽可能地把自己观察到的都记下来。我记忆的内容如下：

- 一位身着蓝色衬衫的年长妇人坐在左侧，读着《健康之友》杂志；
- 一个穿着条纹T恤的小男孩，在地板上玩积木。

我会在脑子里过一遍这些事情，并想方设法地记住。此外，我还借助了一些记忆小技巧，比如自言自语几次，尝试将其铭记于心。

当觉得自己可以不用绞尽脑汁就能记在心里的时候，我就会增加一些难度。最后，我的记忆列表会变成这样：

- X个人的性别；
- 他们的衣着打扮；
- 我第一次看到他们的时候，他们在做什么；
- 感知到的沟通类型画像（第3章将详细探讨）；
- 肢体语言给出的信息。

我会根据这些信息，试着在脑子里编一个故事来解释他们为什么会出现在那个地方，并用故事里的细节来记住这些信息。

说实话，这个方法很管用。我的记忆力很差，但我甚至能记住在三四年前进入一间办公室时，看到了两位穿着黑裙子和白色纽扣上衣的女士在用iPad阅读。左边的女士似乎不喜欢右边的女士，但是在忍耐，或者说急于离开那里。我之所以能分辨出这一点，是因为这位女士的臀部偏向远离右侧女士的方向。

柜台后面有一位穿保安工装的男士——黑西服、白衬衫、黑领带。他的右手腕上戴了一只金表，这表明他是左撇子。他的发型整洁，胡须修剪整齐。他正用一支钢笔在笔记簿上记录，观察着大厅里的动静，同时对我充满警惕。

柜台前有一位年轻男士坐在椅子上等待。他正在读报纸，但我觉得他是装的，因为他两眼放空，报纸的边缘还在颤抖。我脑补了个故事，他是来参加面试的，现在很紧张，为了假装镇定而试图用报纸转移注意力。

那个大厅近乎完整地在我脑海中浮现。观察这些细节对你实现社会工程目标大有帮助。我建议你去寻找你自己的弱点，然后从小事开始锻炼自己。你一定要知道练习的重要性，我经常看到人们想一举成功，但成功的确需要时间。

不要介意失败，其实失败给我们带来的收获要远大于成功——这也萌发了我要讲一讲“期望”的念头。

3. 你将收获什么

在与保罗·艾克曼博士合著的《社会工程 卷 2：解读肢体语言》一书中，我仅关注了非语言表达的线索，即肢体语言和面部表情。当开始学习如何注意并解读这些表达时，我感觉自己像是能读心的超级英雄。只要看到一张脸，我就能读出那个人努力掩饰的情绪，再结合其肢体语言和其他行为，就几乎能预判出他对问题或情况的反应。不可思议的是，我发现自己的预测多半是正确的。问题来了，假设我有 75%的正确率，也就是说，25%的情况下我是错的。此外，它会影响我的感知能力，让我觉得自己能看到更多、理解更多，从而实现更强有力的社会工程。

最令我印象深刻的教训来自艾克曼博士，在我们共事期间，他一次又一次地纠正我：“Chris，能见其然，未必就知其所以然。”

在讨论“期望”之前，我们有必要回味一下这句话：能见其然，并不意味着就知其所以然。如何将“然”和“所以然”联系起来呢？可以采用这样几种方法，即提出问题、收集信息、持续观察。

以我自身的经历为例。有一次，我正在课堂上讨论一些社会工程方面的经历，一个学生突然面生怒容，他的身体也从放松打开变为拘谨抵制。他交叉着双臂，向后靠在椅子上，两腿伸了出来。我察觉到他开始对我讲的表示怀疑，就更加关注他。但这样做似乎无济于事，他选择了回避，并在几分钟后，找个理由离开了教室。

这让我很震惊。我什么也没做错，为什么他会生我的气？

很快就到了课间休息时间。在去洗手间的路上，我还思考着如何“挽回”局面。这时，那位学生走向我，说道：“您好，很抱歉我离席了。上课的时候，老板给我发消息说工作出了紧急情况。即使我磨破嘴皮说我在上课做不了什么，但他仍要求我离开教室参加一场荒唐的电话会议。我可以补上自己错过的课堂内容吗？”

我禁不住笑出声来，笑得有点让他摸不着头脑，所以我赶紧解释了一下上课时自己对他的误判。艾克曼博士的声音又冒出来了：“Chris，我之前跟你说什么来着？”对我而言，这是个极好的关于建立因果关系的教训。

这同样适用于 OSINT 和观察技巧。不要以为我给你讲的故事都怪“人类的愚蠢”，我更倾向于认为这仅仅是因为人们不了解潜在的危险，而不是真的那么蠢。

请快速看一眼图 2-2，然后在心里记下你所观察到的内容。

图 2-2 你看到了什么

请你像社会工程人员一样思考：图中的哪些内容能帮你描述这辆车的司机？图 2-3 是放大截取后的图，或许会对你更有帮助。

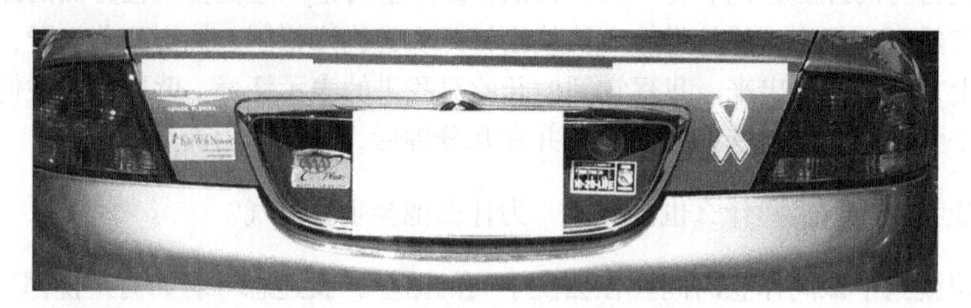

图 2-3 这样是不是更清楚一些

图片的右侧有一张支援乳腺癌患者的贴纸，左侧有一张支持“儿童心愿网络组织”（Kids Wish Network）[①]的贴纸。还有一张写着“10-20-人生”的贴纸，我不知道这张贴纸是干什么用的，便迅速地在网上搜索了一下，发现这是一张提倡严惩枪支犯罪者的贴纸。

这些贴纸告诉你了关于此人的什么信息？他支持慈善机构，并且有几家较为重视的慈善机构。这会不会是因为他或他的某位家人罹患癌症或是儿童疾病？而且他对枪械管制和枪支犯罪持强硬态度，会不会是因为他曾经深受其害，或认识枪支犯罪的受害者呢？

掌握了这些信息之后，你觉得自己是否可以开始一段诱导谈话了呢？

请小心！好多次我见到学生脱口而出“我会跟他聊聊枪械管制”，或表示其他差不多的意思，但是要知道，仅凭谈话是很难转变一个人的信仰的，这个人也不例外。请你执行任务时牢记这一点——你要确保和他们谈论的一定是他们感兴趣的话题，而不是你感兴趣的话题。我将在第 7 章讨论诱导时，更详细地探讨这一点。

现在请看看图 2-4。

图 2-4 你能从图中看出什么

你注意到了什么？从社会工程人员的角度，你又能观察到什么？请考虑一下这张简单图片里的小细节。

① Kids Wish Network，是一家美国全国性的慈善组织，致力于为孩子们带来希望，提高他们的生活质量。——译者注

- 你能看到工作环境的类型。
- 你能看到这个人使用的操作系统。
- 你能注意到这个人用的是哪种平板计算机。
- 你能看出这个人是一位情景喜剧爱好者。
- 你能注意到这个人使用的浏览器和邮件客户端吗？
- 你注意到能暗示这个人的其他细节的一个标志吗？
- 你还能找出什么其他的细节？

这只是一个粗略的列表，你也许还能找出更多内容。你能否据此掌握有关此人的足够多的信息，从而编写出一两封能引发此人情绪反应的测试邮件？

不过，有时一张照片，甚至仅仅一次的面对面交流都是不够的，此时就需要用到技术型 OSINT 来“救场”。

2.2.2 技术型 OSINT

假如你撰写了一份很糟糕的报告，却归咎于本章并未罗列清楚 OSINT 挖掘者所需的工具，并且广而告之。为了避免担负这样莫名的责任，我必须做出如下声明：

> 本章涉及的清单并不完整，并未完全包含通过技术手段收集 OSINT 的所有工具、过程和方法。

我只能说，本章列举了我在日常工作中常用的一些工具和技术。OSINT 领域里有很多出类拔萃的高手，你可以追随他们去深入钻研。以下是两个我有幸接触到的高手。

- Nick Furneaux：我曾飞到英国参加了 Nick 讲授的为期四天的课程，然后完全被征服了。他的课程令我大开眼界，让我知道了 API 的用途，还了解了社交媒体应用程序的工作原理。
- Michael Bazzell：Michael 已经淡出了 Web 世界，但他曾为 OSINT 从业者开发出了一套趁手的工具，帮他们挖掘社交媒体网站和其他搜索引擎。

这两位优秀人才都是我的朋友，他们都曾给予我指导、建议和帮助。我打心眼儿里认为，他们都是 OSINT 大赛里的大师。（不好意思，插播条广告：他们都做过《社会工程播客》的嘉宾，搜索关键词“OSINT”就可以找到那几集。）

我主要关注 OSINT 领域中跟自己日常工作应用相关的部分，它可被分解成四个简单主题：社交媒体、搜索引擎、对某人进行 d0x（稍后会解释），以及 Google 搜索。我会对它们依次进行阐述，让你了解我是如何应用它们的，以便为你继续深造奠定基础。

1. 社交媒体

如果不谈谈社交媒体这个话题（哪怕只是一笔带过），则本章是不完整的。犹记得在过去的日子里，如果你偷看你姐姐的日记，那你肯定会挨揍的。但如今不一样了，人们不仅会把日记写在网上，还会因为没人看、没人评论和没人点赞而沮丧。

社交媒体基本上已是我们日常生活的一部分了，而且未来也将是如此。

来自 We Are Social 网站的一些统计数据能直观地呈现这一点。截至 2017 年 1 月：

- 世界人口为 74.76 亿；
- 互联网用户总数为 37.73 亿；
- 社交媒体的活跃用户总数为 27.89 亿；
- 去重后的移动端用户总数为 49.17 亿；
- 移动端社交媒体的活跃用户总数为 25.49 亿。

作为一名社会工程人员，你一定要充分理解这些数据。下面让我们来仔细分析一些热门的社交媒体平台。

领英（LinkedIn）拥有超过 1.06 亿用户，包含以下个人信息：

- 你的工作经历
- 你的受教育经历
- 你在何处就读高中
- 你参加过的俱乐部和取得的学术成就
- 可以为你的技能背书的人

Facebook 拥有超过 18 亿用户，包含以下个人信息：

- 你最爱听的音乐
- 你最爱看的电影
- 你从属的俱乐部
- 你的朋友
- 你的家庭
- 你度过的假期
- 你最爱吃的食物
- 你居住过的地方
- 除此之外还有很多很多

Twitter 拥有 3.17 亿用户，包含以下个人信息：

- 你此时此刻在做什么
- 你的饮食习惯
- 你的地理定位
- 你的情绪状态（280字符以内）

虽然我还可以列出许多，但你应该已经明白了。仅仅这三种社交媒体应用程序就已经提供了海量的信息，足够让你用来挖掘有关目标的信息了。我敢说，通过这些信息，你完全可以为你的目标建立起一套非常完备的个人档案。

有趣的事实

《社会工程播客》第87集中，我们和James Pennebaker聊了聊。他编写了一个工具，能基于用户在其Twitter中所使用的语言表述来对该用户进行分析。我们把Michele的Twitter账户输入这个工具里运行了一下，结果她被评价为一个古怪的乡村女孩，有着乐观和及时行乐的作风。说实话，我看到这个评价时差点把刚喝的一口水喷了出来，因为这和真实的Michele判若两人。不过，这的确是她希望在社交网络中树立的人设。

基于社交媒体对人的评价不能和建立实际的心理档案混为一谈。正如上述“有趣的事实”里所说的，有的人在网上和在真实世界里的交流方式是不同的。但即便如此，社会工程人员仍离不开社交媒体，因为许多攻击是基于“线上”人设而发出的，而学习与目标的这一面进行交流才能找到突破口。

社交媒体平台成百上千，使用它们的人也数以亿计，因而社交媒体对社会工程人员来说是一个数据宝库。通过社交媒体平台获取信息的最佳方法之一是使用搜索引擎，这也是下一节的主题。

2. 搜索引擎

互联网发展日新月异，从海量历史数据中搜寻情报的新方法层出不穷。这种日新月异的变化对于大部分人来说是好事，对社会工程人员来说却是噩梦，因为今天有效的搜索引擎可能明天就失效了。

记得Spokeo刚出现的时候，我几乎每天都会用它。诸多丰富而优质的信息都来源于此，但随着用户的增加，大量的广告也随之而来。紧接着，要求付费的信息出现了，然后还有频繁弹出的、看上去不怎么可靠的弹窗信息。

我不是说Spokeo一无是处，但对职业社会工程人员来说，时间就是金钱。如果必须借助另一个来源来核实所得到的每一条信息，那我大概就该失业了。

我的第一本书以及后续的几本书中所提及的工具清单已经对读者用处不大了。类似的事情时有发生。

- 图书出版的时候，我分享给读者的工具和概念都过时了。
- 更好的新工具出现了。
- 以上两种情况都发生了。

所以我不想给你列出网站和工具的清单，而是要带着你把针对目标进行 OSINT 的过程走一遍。当然，在此过程中，我会提及自己所用过的网站和工具。但更多的情况下，我将关注如何从社会工程人员的角度思考。

这里，我把目标设为好友 Nick Furneaux（但愿在本书出版后他仍是我的好朋友）。事先声明：我对 Nick 没有恶意，在此只是想利用他来证明，即使对于一个非常熟练、警惕且安全意识极强的人，我们也可以设法通过互联网获得跟他有关的情报。

3. 对 Furneaux 进行 d0x

“对某人进行 d0x”是什么意思呢？d0x 一词是黑客术语，具体来说是将目标的个人生活细节进行信息化存档。

但这不是当前的目的。我只是想给你展示 OSINT 的强大之处及其用法。为此，我一般会将 Pipl 网站作为切入点。

Pipl（发音同 people）是一家集 WhitePages[①]和社交媒体搜集汇总网站之所长于一身的网站。该网站的优越之处在于，你可以根据目标的姓名、用户名、昵称或你掌握的任何细节来进行搜索。

通过该网站，你能很快地获悉 Nick 的 Twitter 账户就是 nickfx。我们来看看用 Pipl 网站搜索这个昵称会得到什么结果，详见图 2-5。

只需扫一眼就能看到，第一张图片中就是我们要找的“Nick”。而仅隔了四行，我们就看到了一个之前从未出现过却和 Nick Furneaux 存在某种关系的用户名——Chirs H（我真的很好奇这人是谁）。

在继续分析之前，先来看看单击页面中 Nick 的图片会发生什么。结果如图 2-6 所示。

---

① WhitePages 是一家提供个人和企业联系人信息的供应商。——译者注

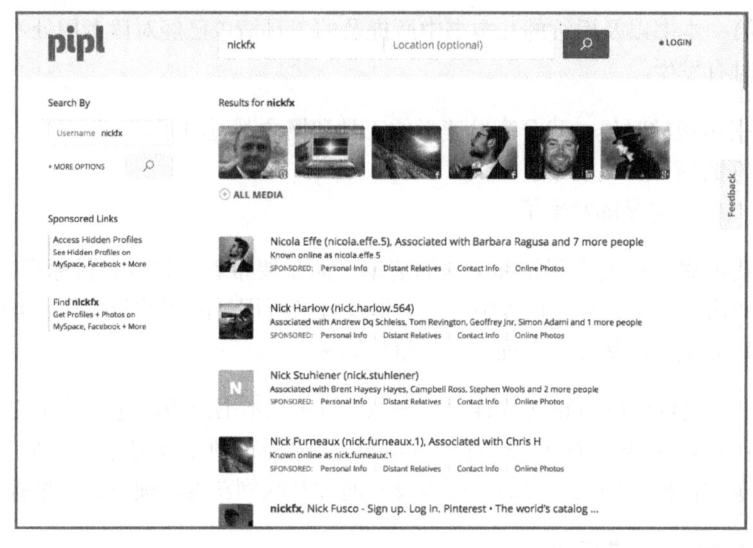

图 2-5　你看到他了吗

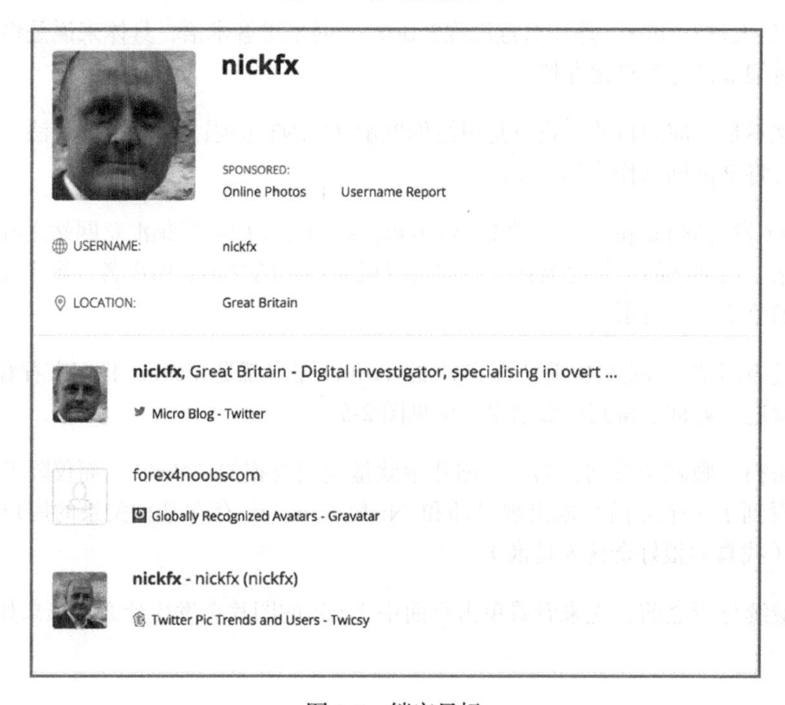

图 2-6　锁定目标

轻轻一点鼠标，就能确认这个人就是我们要找的目标，甚至连他的现居地都能找到。OSINT 真是无所不能！我们知道他住哪儿了。

现在，备份一下搜索结果页面，然后单击第四条链接。这会揭露什么信息呢？请看图 2-7。

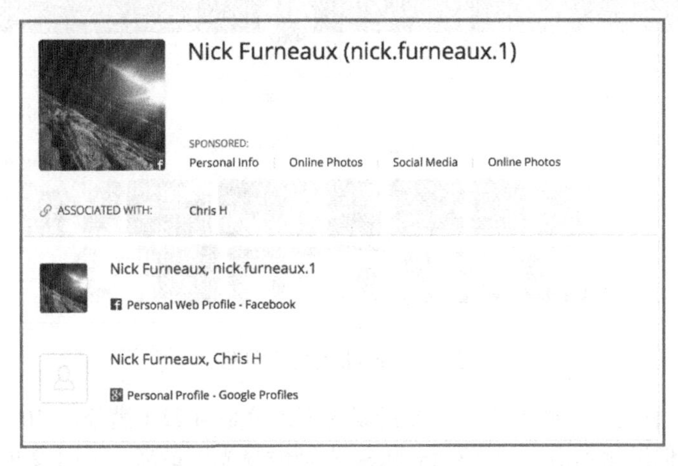

图 2-7 更多的 OSINT

我们已经掌握了很多重要的 OSINT。就在刚才，我们又知道了 Nick 的 Facebook 主页，还知道他是一位单板滑雪爱好者，而且推断出他一定很喜欢那个叫 Chris H 的人，因为到处都有这个人的身影。

单击 Facebook 链接之后，我破解了与 Nick 有关的更多 OSINT。

- 他住在英国的布里斯托尔。
- 我能看到好友列表。
- 发现了一个新的用户名：nick.furneaux.1。

回到 Pipl 网站，只需输入他的名字和其现居地“布里斯托尔，英国”，我就得到了更多有关他的细节：

- 工作经历
- 领英资料
- 其他用户名
- 毕业学校

通过几次单击，我就获得了大量和 Nick 相关的信息，这对建立关于他的档案大有帮助。我能否再获取更多信息呢？

接下来，我转向了一个叫 WebMii 的网站。WebMii 的基本目标是帮助用户查看人们在网上的曝光度。搜索“Nick Furneaux”，结果如图 2-8 所示。

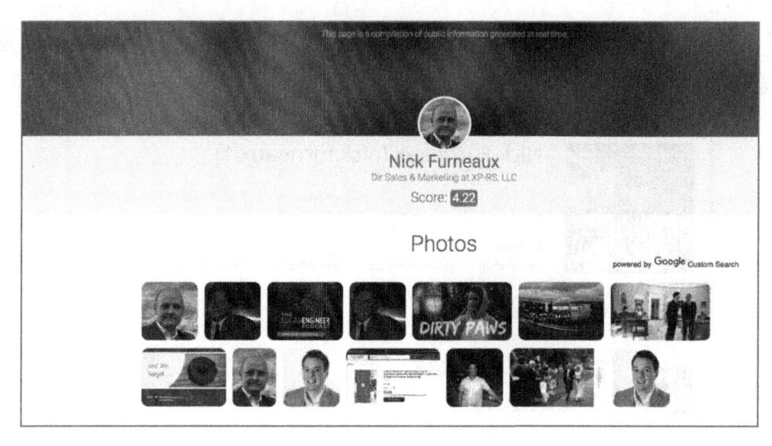

图 2-8　Nick 的更多信息

我立刻注意到了一些事情：Nick 的曝光度评分是 4.22（满分是 10，所以这个分数并不高），但继续单击，就能看到 Nick 在何时曝光度最高（见图 2-9）。作为一个 OSINT 挖掘者，Nick 曝光度最高的那个时间段引起了我的兴趣，我想知道他那段时间发生了什么。

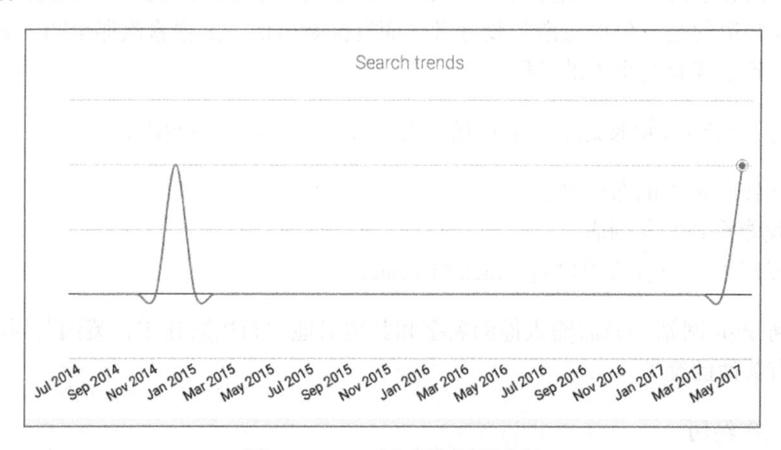

图 2-9　Nick 何时曝光度最高

回到图 2-8 所示的图片，其中还有一些信息值得搜集。

- 第一张图片与 Twitter 有关。
- 第三张图片链接到一个 Nick 接受采访的播客，即《社会工程播客》，听说这个节目超级赞（不好意思又打了一个广告）。
- 还有很多其他的图片链接到加拿大的领英页面，但这和我们感兴趣的那个 Nick Furneaux 没关系。

- 第五张图很奇怪，是一个穿着动物连体服的年轻男人。那是什么？

第五张图的链接跳转到了一个叫 AFB Productions 的公司制作的音乐视频。当我单击“更多”（More）按钮时，出现了如图 2-10 所示的内容。

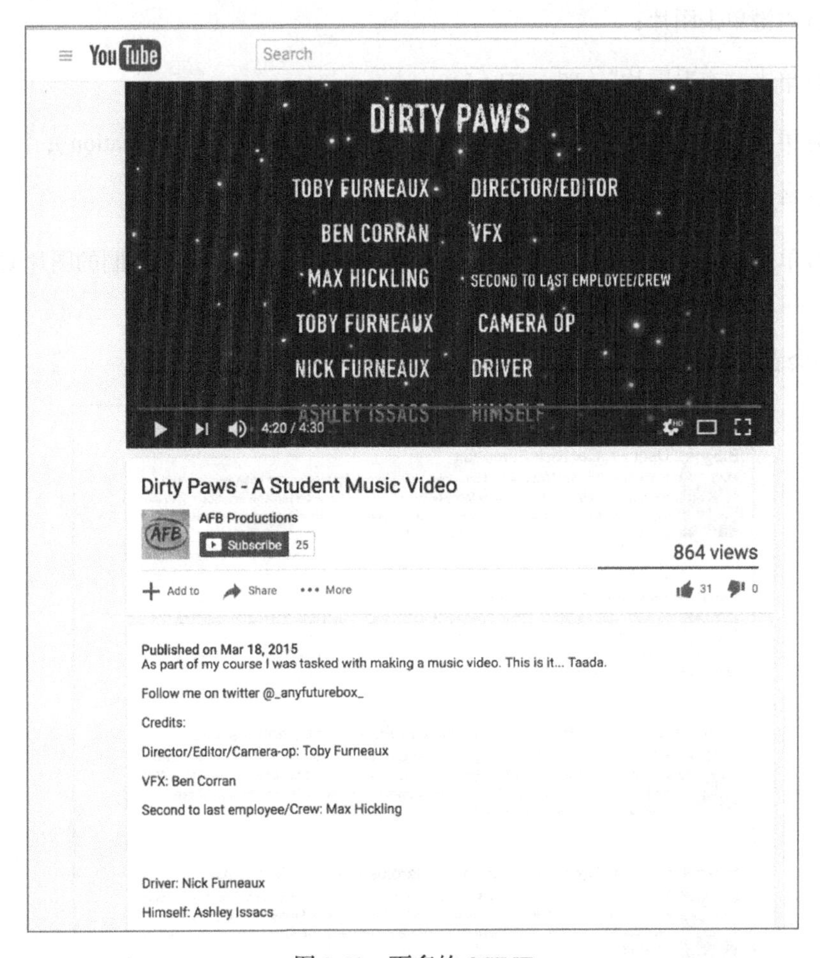

图 2-10 更多的 OSINT

视频显示制作人是一个叫 Toby Furneaux 的小伙子，而视频中的司机不是别人，正是 Nick Furneaux。我们根据这项发现，自然而然地又去挖掘了 Toby 的身份和 AFB 的情报，而且没花多少工夫（也就点了两三下鼠标吧）就发现 Toby 是 Nick 的儿子，而他运营着一家名叫 Any Future Box（简称 AFB）的小型制片公司。

一个优秀的 OSINT 搜集者会把信息里的所有此类细节都收入囊中，因为家庭成员（尤其是目标的儿女）往往是收集信息的重要来源。

再回到图 2-8。Nick 的照片多次出现在这个我偶然发现的页面里，因此它可能会指向更多情报。于是我抓取了该图片的实际 URL，将其载入到一个以图搜图的搜索引擎中。你可以遵照以下步骤来完成这一步：

(1) 右键单击图片；

(2) 单击“查看图片”（View The Image）;

(3) 再次右键单击，然后单击“复制图片地址”（Copy Image Location）;

(4) 跳转到搜索引擎，单击“图片”（Images）。

(5) 单击“粘贴图片 URL”（Paste Image by URL），将第(3)步中复制的图片 URL 粘贴进来。

你会看到类似图 2-11 所示的网页。

Pages that include matching images

Blogger: User Profile: Nick Furneaux

103 × 113 - Gender, MALE. Location, United Kingdom. Introduction, I've been working with computers since my ZX81, closely followed by an Oric 1 (if anyone remembers those?). In the past 11 years I've been working in the area of computer forensic investigation and research in both the Law enforcement and Corporate worlds.

CSITech - Computer Forensics

73 × 80 - Aug 29, 2013 - Other Open Source courses are available, but not like this! The course will include a 6 month license for Maltego Case File, 6 months VPN access, an encrypted hard drive, a large number of software tools and course manual. The 4 day course is £1800 + VAT. **Nick Furneaux** (me!) teaches Law Enforcement ...

nickfx on Twitter: "Its free tools time. Nick Furneaux has created a little ...

400 × 400 - Apr 9, 2010 - nickfx · @nickfx. Digital investigator, specialising in overt and covert live data acquisition and RAM analysis. UK. csitech.co.uk. Joined March 2008. Tweets. © 2018 Twitter; About · Help Center · Terms · Privacy policy · Cookies · Ads info. Dismiss. Close. Previous. Next. Close. Go to a person's profile.

Episode 039: Information Gathering on Steroids - Security Through ...

80 × 104 - Nov 11, 2012 - Information is the life blood of the social engineer. "There is no such thing as bad data", is the SE Mantra. Our guest this month, **Nick Furneaux**, well known forensics expert in the UK discusses his new area of research into API Manipulation. Date Nov 12, 2012 ...

CSITech - Computer Forensics: Advanced Open Source Intelligence ...

73 × 80 - Sep 17, 2012 - Other Open Source courses are available, but not like this! The course will include a 6 month license for Maltego Case File, 6 months VPN access, an encrypted hard drive, a large number of software tools and course manual. The 4 day course is £1800 + VAT. **Nick Furneaux** (me!) teaches Law Enforcement ...

Google ›
1 2 Next

图 2-11　Nick 的完整信息

除了能看出 Nick 经常用同一张大头照之外，我还发现他在 Blogspot 上有博客主页，并撰写了一些计算机取证相关的文章。根据这些文章的页面链接，我发现了 Nick 在几年前接受过一次采访，采访末尾附上了他的邮箱和网页链接。

我对 Nick 的网页域名做了 WHOIS 快速查询，部分结果如图 2-12 所示。

```
Registrant:
    CSI Technologies

Registrant type:
    UK Individual

Registrant's address:
    The registrant is a non-trading individual who has opted to have their
    address omitted from the WHOIS service.

Data validation:
    Nominet was able to match the registrant's name and address against a 3rd party data source on 10-Dec-2012

Relevant dates:
    Registered on: 31-Mar-2004
    Expiry date:  31-Mar-2019
    Last updated:  14-Oct-2013

Registration status:
    Registered until expiry date.

WHOIS lookup made at 02:27:34 19-May-2017
```

图 2-12 域名查询 WHOIS 的部分结果

有意思（而且明智）的是，Nick 把他的域名私有了，这意味着信息不会被公开，我们唯一知道的只有他的公司名，以及他住在英国。

OSINT 技巧

进行 WHOIS 查询（域名查询）的方法有很多。如果你用的系统是 Linux 或 Mac，可以在终端输入 whois DOMAIN（把“DOMAIN”替换成实际域名），或者使用一些免费网站来帮助你。

我刚刚带你学习的这种信息收集方式，在社会工程领域里很常用，想想这是为什么。只需单击几下鼠标，就能发现目标如此之多的有用信息。

的确，我没找到 Nick 的密码或私人照片的链接（谢天谢地），但我找到的这些信息，已经足以让我对 Nick 进行网络钓鱼测试或电信诈骗测试了。

这就完了吗？当然没有。进入目标的圈子是 OSINT 过程中非常重要的一次阶段性成功。

4. Google 搜索

单单 Google 这个词就足以让社会工程人员咯咯笑一阵子了。这个画面是有点闹腾，那我们就把“咯咯笑”的想法抛到一边，把它想象成因为收获知识而无声地露出喜悦的微笑吧。

为什么呢？这是因为 Google 就像一个无所不知的圣人，知道你曾做过的所有事情，并将它们存储起来，即便你想删除这些信息，它也会将其缓存起来（你懂得，这是为了能妥善保存信息）。

有关 Google

Google 非常强大，在搜索引擎广告方面占有 88%的市场份额。Google 声称，他们的搜索引擎为超过 100 000 000 千兆字节的网站做了索引。

既然 Google 这么强大，其索引的网页数以万亿计，那么一个小小的社会工程人员如何从中找到所需的一丁点儿数据呢？在回答这个问题之前，我需要快速地向你解释一下 Google（或任何搜索引擎）的原理。

- **搜索引擎大揭秘**

本节其实并没有揭露什么秘密，标题有些误导性。你可能已经了解了搜索引擎的运行原理，但以防万一，我还是快速简要地解释一下吧。

搜索引擎会用一种叫作爬虫（spider）的小段代码。爬虫“爬取”（这不是我造的词）公开网络的每一个网页，并缓存任何允许访问的信息。虽然有一些文件可以阻止爬虫为特定区域做索引（比如 robots.txt），但其他区域还是可以被索引或被缓存下来。

缓存下来的数据被存储在数据库内，当你在搜索框内输入搜索关键词时，数据库就会提供结果，如图 2-13 所示。

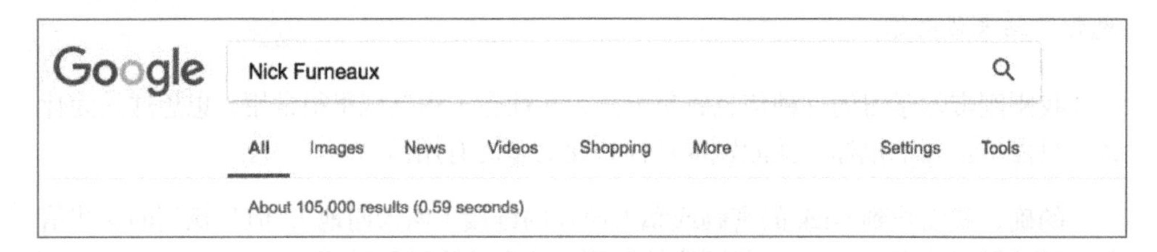

图 2-13　怎么又是他

图 2-13 中有几个关键点。首先，搜索引擎在 0.59 秒内返回了 10.5 万条结果，它是如何在这么短的时间内搜索 30 万亿个网站的呢？这是因为这些网页被缓存在数据库中，这使得极速的搜索成为可能。

将 10.5 万个网页都下载下来几乎是不可能的。所以，让我们来认识一下运算符（operator）吧。

- **输入运算符**

Google 创造了一套搜索指令，称为“运算符”，它们能缩小 Google 的搜索范围。你可以把它想象成从放大镜升级为显微镜的过程，虽然两者都能帮你进行近距离的观察，但如果你真的想深入了解细节，就应该选择显微镜。而这些运算符就是搜索的显微镜。

方便起见，我先列出一些自己觉得最好用的运算符。

- intext：这个运算符会在网页和文档的“正文文本”[①]内容中进行关键词搜索。举个例子，如果你输入“**intext:csitech**”，Google 就会搜索出现该短语的所有内容。
- site：这个运算符会将搜索关键词限制在你所列出的网站内。
- inurl：这个运算符看起来和 site 很相似，但是它会把你的搜索限定在能匹配到输入项的 URL 里。
- filetype：顾名思义，这个运算符会将搜索结果限制在你选择的文件类型的范围内。
- cache：这个运算符会搜索域名、文件或其他你列出的工件的缓存版本。
- info：这个运算符会给出你列出的域名的信息。

大多数软件相关的产品有其使用规范，Google 搜索也不例外。

- 搜索项跟在运算符后面，中间用冒号隔开，不加空格。举个例子，如果搜索“**site: ptpress.com.cn**”，你的搜索就会限制在域名为“ptpress.com.cn”的网页中，而如果搜索“**site: ptpress.com.cn**”，由于冒号（:）之后是空格，因此你的搜索就会被限制在域名为空格的网页中，而这是无效的。
- 你可以通过在运算符前加上连字符（-）来移除搜索中的相应结果。
- 如果你的搜索项超过一个单词，而你希望所有的词都被包含在搜索内，那就必须使用引号。举个例子，如果我想搜索 Nick Furneaux，就要输入“**intext:"Nick Furneaux"**”，这样才能保证使用 intext 搜索的结果同时包含姓和名。
- 根据 Google 显示，搜索项的数量是有限制的，默认为 50，最大上限为 150。（但说实话，如果你的搜索项超过 100 个，可能就得寻求帮助了。）

可以肯定的是，除了这里列出的搜索指令，还有更多的搜索指令和其他优秀的工具我尚未提及。Google 是一个强大的工具，深入挖掘它的每个细节都需要洋洋万言，但我们需要先举几个例子，看看 OSINT 阶段还能发现什么。

① 此处的“正文文本”是指网页排除标题和链接等“非正文文本”后的文本内容。——译者注

- **限制搜索项**

在本节的开始，我在为 Nick Furneaux 构建一套完备的小型档案的过程中暂停了搜索。Google 能帮我证实之前的搜索结果或给出更多信息吗？

我找到了一些信息，比如他的姓名和他在不同社交媒体平台上重复使用的昵称。如果把这些信息放在一起搜索，会发现什么？在 Google 搜索框内输入“`intext:"Nick Furneaux" intext:nickfx`”，结果如图 2-14 所示。

图 2-14　0.82 秒内共搜到 206 条结果

不到 1 秒的时间内就搜到了 206 条有关目标的结果。Google 搜索的一个特征是能看到与搜索结果相关的图片，你可以通过单击“更多图片”（More Images），查看更多有意思的结果。本例中，这些图片能跳转到有关 Nick 的网页。

但是有关 Nick 的这些信息我大多已经知道了，再看看还能找出什么吧。我把搜索项改成了“**intext:"Nick Furneaux" intext:UK**”，搜索结果如图 2-15 所示。

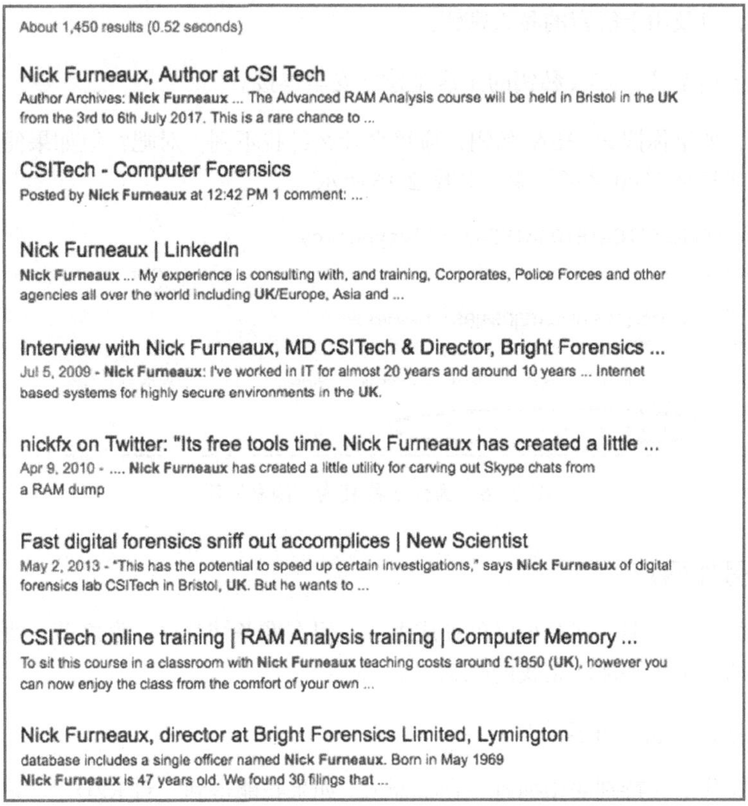

About 1,450 results (0.52 seconds)

Nick Furneaux, Author at CSI Tech
Author Archives: **Nick Furneaux** ... The Advanced RAM Analysis course will be held in Bristol in the **UK** from the 3rd to 6th July 2017. This is a rare chance to ...

CSITech - Computer Forensics
Posted by **Nick Furneaux** at 12:42 PM 1 comment: ...

Nick Furneaux | LinkedIn
Nick Furneaux ... My experience is consulting with, and training, Corporates, Police Forces and other agencies all over the world including **UK**/Europe, Asia and ...

Interview with Nick Furneaux, MD CSITech & Director, Bright Forensics ...
Jul 5, 2009 - **Nick Furneaux**: I've worked in IT for almost 20 years and around 10 years ... Internet based systems for highly secure environments in the **UK**.

nickfx on Twitter: "Its free tools time. Nick Furneaux has created a little ...
Apr 9, 2010 - .... **Nick Furneaux** has created a little utility for carving out Skype chats from a RAM dump

Fast digital forensics sniff out accomplices | New Scientist
May 2, 2013 - "This has the potential to speed up certain investigations," says **Nick Furneaux** of digital forensics lab CSITech in Bristol, **UK**. But he wants to ...

CSITech online training | RAM Analysis training | Computer Memory ...
To sit this course in a classroom with **Nick Furneaux** teaching costs around £1850 (**UK**), however you can now enjoy the class from the comfort of your own ...

Nick Furneaux, director at Bright Forensics Limited, Lymington
database includes a single officer named **Nick Furneaux**. Born in May 1969
Nick Furneaux is 47 years old. We found 30 filings that ...

图 2-15 Nick，你紧张吗

第一条结果告诉我们，他在一个叫布里斯托尔（Bristol）的城市里接受培训。最后一条结果提供了一个公司的名称，Nick 很可能仍然是其合伙人，同时还有他完整的出生日期以及——你应该已经猜到了——他在布里斯托尔的地址。

这个页面还包含了那家公司里可能与他共事的家庭成员或朋友的名单，简直是个信息宝库。

把上一次搜索中的“**UK**”替换成“**Bristol**”之后，便得到了他的邮政编码，甚至一些可能与他同住的其他家庭成员的姓名。

虽然我还想向你展示 Google 搜索的更多强大之处，但鉴于 Nick 还是我的朋友（至少上次确认的时候如此），所以我们要将关注点从他身上移开，转向更通用的搜索。

- **面对“隐私”数据**

听说过 RSA 私钥吗？这是基于专有算法的密钥，包含两部分：用于识别身份的公共密钥，以及用于解密的私人密钥。

根据上述定义，RSA 私钥的用途是建立安全连接。

所以，如果你搜索 RSA 私钥，应该会什么都找不到，对吧？但如果使用下面的搜索，就能找到 3000 多条结果，如图 2-16 所示[①]。

```
BEGIN (CERTIFICATE|DSA|RSA) filetype:key
```

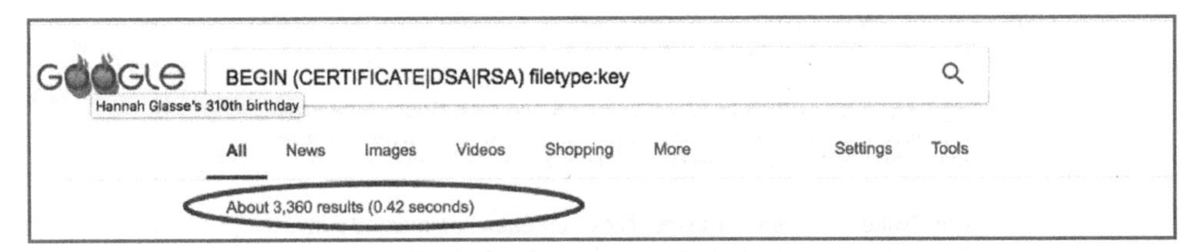

图 2-16　为什么称其为“隐私”呢

2.2.3　另外两点

本章的内容很多，甚至足以单独成书了。但在准备结束这一章之前，我还得再说清楚另外两点，否则那就是我的疏忽了。

1. 神通广大的“机器人”

孩提时代的我特别渴望拥有一台机器人。如果我能得到一台 R2D2[②]，它可能就会是我最好的朋友。但在本例中，我说的不是那种机器人，而是 robots.txt 文件。

robots.txt 文件是什么？这是网站所有者用来告诉爬虫本站点哪些页面是允许爬取的，哪些页面是不允许爬取的。比如，robots.txt 文件内常常出现不许可（`Disallow`）声明，这表明机器人禁止爬虫缓存该目录。

有一次，我接到了一家中型企业的活儿，他们提出了这样的测试要求：“我们并不会提前做准备，请尽你所能地搜集情报并测试我们。”这对于我来说是一个难得的锻炼机会。我先收集了一点 OSINT，做了一些 Google 搜索，然后发现，该企业网站的 robots.txt 文件“admin”目录下有一条 `Disallow` 声明。

① Hannah Glasse 是 18 世纪的一名烹饪作家，代表作是烹调书《烹饪的艺术》（*The Art of Cookery*）。——译者注

②《星球大战》中出现的机器人，因其在电影中憨态可掬和忠心耿耿的表现为人所熟知。——译者注

单纯为了检查，我在该企业网站 URL 后面加上了“/admin”。出乎我意料的是，没有任何凭证的我竟然进去了！这个目录包含首席执行官（CEO）的私人文件库，看起来他会在旅游时用这个库来分享他需要的文件，包含合同、银行数据、私人护照图片和其他大量敏感的信息。

我发现了一份几天前签下的合同，于是我买下一个与乙方公司真实名称相差一两个字母的域名，根据合同签署人的姓名设置了一个假邮箱，并用假邮箱给 CEO 发送了一封测试邮件，内容如下：“我不确定在上次回复时是否附上了完整签署的合同，但是我对条款 14.1a 还有些疑问，您能否看看附件，并告知我？”

15 分钟内，CEO 就收到并打开了邮件。然后，他给假邮箱发了邮件，说合同打不开，而且一直崩溃。本该花费一周的渗透测试（penetration test，亦称 pen test），三个小时就完成了。

我打电话给 CEO，我们的对话如下。

CEO： 你好。

我： 你好，Paul，我是 Social-Engineer 公司的 Chris，我想和你聊聊渗透测试……

CEO： 哈！这么快就放弃了，Chris？我就知道我们很难对付。

我： 是这样的，Paul，我们已经获得了你的护照信息、出生日期、信用卡、银行账户的访问权限和具备管理员权限的远程终端。我想我应该打电话给你，看看你是否真的想让我再进行一周。

CEO： 拜托！你在骗我吧！这才刚开始几个小时啊。告诉我，是哪个笨蛋中了你们的招数？我要和他谈谈。

我： 嗯，Paul……（**我深吸了一口气，不确定该不该开那个我脑海中的玩笑。**）如果是我，不会对他太严厉的，他是个非常好的人。

CEO： 是吗？是谁？

我： 是你啊，Paul。

之后，我给他解释了这次测试中的每一条细节，他迅速地意识到发生了什么。这次渗透测试的成功，很大程度上归功于 robots.txt 文件和错误配置的目录。

2. 这一切都源于元数据

“元”（meta）的定义是“自指的；指本类传统的；元……的”[①]。因此，按照字面意义，元数据也就是和数据有关的更“基础”的数据。这很像电影《盗梦空间》——梦里套着梦，数据里套着数据，不是吗？

我来简单地解释一下。元数据是一种存在于搜索结果中的信息。这种数据往往能揭露出许多有趣的事实，其中的很多信息可能是无意中被泄露的。

假设我用 Google 做了一次毫无恶意的搜索，仅寻找包含密码信息的.doc 文件。我找到了这个叫作“FinalPasswordPolicy”的小文档，其元数据会暴露什么呢？请看图 2-17。

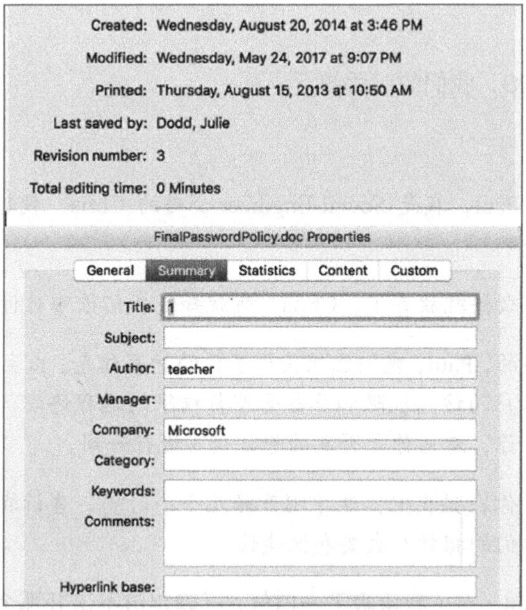

图 2-17 “你发现了什么元数据？”（看到我怎么做了吗？）

这些元数据给出了文件创建的日期和时间、最后一个保存的人、作者的姓名或头衔、文件修订次数，以及其他我未提及的信息。你可能会想：“那又如何？”

其实对社会工程人员而言，仅仅是文档的名称和类型就包含大量的情报。想想看，如果社会工程人员发现了你刚刚发布的一项新的人力资源政策，他会怎么办？元数据展示了该政策最后一次修订的时间（本例中不超过一个月）、作者姓名和发布时间。

① 引自《新牛津英汉双解大词典》。——译者注

当然了，政策信息也在文档中。如果有一封邮件看起来像是该政策的制定者所写的，并且里面似乎包含政策的更新内容，你觉得会不会有人单击以查看它呢？

接下来请看图 2-18。

图 2-18 “说真的，你发现了什么元数据？”

起初，你可能还会想：“呃，我们是不是要用辣椒酱优惠券引目标上钩呢？”不，先看看这张图的元数据吧，具体如图 2-19 所示。

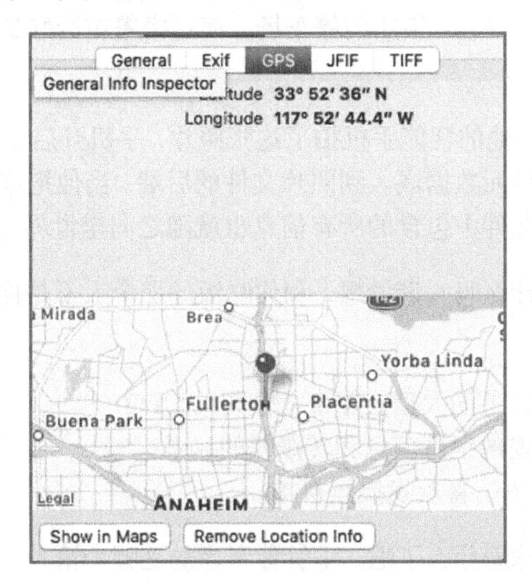

图 2-19 答案是……

当你在网上找到一张看似无害的照片时，它的元数据能透露其照相机的种类、照片拍摄日期和拍摄时的 GPS 坐标。如果你把这些坐标输进 Google 地图，会发生什么呢？请看图 2-20。

图 2-20　在我看来，这太刺激了

这张地图定位到了 Pepe 饭店的停车场，而这家餐馆恰好是那个牌子的辣椒酱的一个重要客户。

可以想象，有人用他的智能手机拍了这张照片，手机开启了 GPS 定位，也没有阻止相机应用程序将各种元数据嵌入到照片文件的后端。当他把这张图片上传到自己的社交媒体上时，这个文件中包含的所有信息也就随之向全世界公开。

你知道这意味着什么吗？请设想，和你吃饭的那个人不是你的普通朋友，而是以下这些人之一：

- 被恶意攻击者盯上的大型公用事业公司的 CEO；
- 掌握着亿万富翁的银行信息和转账权的秘书；
- 你的女儿，15 岁，喜欢发搞怪自拍。

现在你知道这意味着什么了吧。不管你考虑的是哪个情景，这种能被轻易获取的信息都会带来风险。

我曾经和我的团队做过一项工作：我们的任务是执行 OSINT，然后测试一个重要目标。我们的目的不是伤害此人，而是为了测试他做出不当行为的可能性。出于教育目的，我们要记录下对方的每一次通话和每一次单击鼠标。

通过一些简单的 OSINT，我们知道了他的社交媒体网页，还发现他会在 Twitter 上大量发布信息，而且非常喜欢使用他那部全新的 iPhone 手机，并且 GPS 定位保持开启状态。为什么要强调这一点呢？这是因为根据 Twitter 上他发送的每条推文的定位，我们可以绘制出他一天的位置轨迹。只用了几小时，我们就获得了以下信息：

- 每天早晨他都会去他喜欢的地方喝咖啡；
- 每天回家之前他都会去健身房；
- 他最喜欢哪两家餐厅；
- 他的家庭住址；
- 他非常讨厌市内的交通状况。

OSINT 还有很多，但以上列表里的信息对我们的测试而言尤为重要。首先，我们创建了一个域名，只与那家健身房的网站域名有一个字母不同。然后我们迅速注册了一个假邮箱，发邮件告诉他，健身房更新了所有的账户，他的信用卡信息不再有效，并要求他“现在登录网站并输入信用卡信息”，这促使他迅速单击了假网站的链接。

我们知道假网站的页面无法访问，所以一等到他单击链接，我们就给他打电话。对话大体如下。

呼叫者：您好，是 Smith 先生吗？

目标：我是。请问您是？

呼叫者：我是 Cold 健身房的 Sarah。今天早些时候，我们给您发送了一封关于系统更新的邮件。事情是这样的，邮件里的 URL 出错了，所以我们特地打电话来向您道歉。我可以给您发送一个新链接，或者您提供您的信用卡号码，我们为您更新。您觉得哪种方式更方便？

目标：没问题，Sarah，这是我的卡号。

呼叫者：谢谢您，Smith 先生！晚上见！

这次测试成功了，因为它提及了目标熟悉的话题，所以让人感觉非常可信。只需要一点点 OSINT、一封测试邮件和一通电话，我们就收获了一次单击、一个信用卡号和五个备用的攻击向量测试方案。

元数据非常强大，而且对社会工程人员来说非常有用，因此我建议，一定要在 OSINT 阶段检查你获取的每个文件里的元数据。

这可能会让你望而却步，尤其是你要处理的文件很多的时候。我自己喜欢用一些工具来简化工作，比如 FOCA 和 Maltego。

我虽然保证过不会深入介绍本书中的任何工具，但觉得有必要至少简单地介绍一下它们和其他两个有用的工具，具体内容请见下一节。

2.3 实战工具

正如第 1 章所言，我不会过多关注本书中的工具，因为它们的变数太多。

但在过去的五至十年中，有四种工具一直在我的工具箱里。如果我不提它们，就太不厚道了。虽然这些工具已经存在很长时间了，但它们的界面和功能都发生了变化。如果我耗费大量时间详述每个功能的特征，那么在你拿到本书时，这些信息可能就会过时。我保证这段介绍会很简短，但它是你不可错过的关键一环。

2.3.1 SET

我还记得我和好友 David Kennedy 的一段对话。我提到想要一种工具，能让我在进行钓鱼攻击测试时自动传输有效载荷、抓取信息，以及克隆网页。Dave 说："我可以做出来。"

不到一天时间，他就搞出了一个原型。从那时起，Dave 就把开发和维护社会工程人员工具包（Social Engineers Toolkit，SET）作为毕生使命。

他的更新一直很及时，甚至似乎每天都会更新，而且他为软件新增的特性也令我最初的构想黯然失色。目前这个优秀的软件已经有 200 多万的下载量了。

2.3.2 IntelTechniques

这其实并不是一种"工具"，最多只能说是由我的好友 Michael Bazzell 收集和整理的一批优质搜索引擎。

Michael 擅长的事情有很多，而其中有两件事，他做起来就像吃饭喝水一样容易：在网上找人，以及躲开那些在网上找他的人。

Michael 建立了一套很好用的工具包，能从社交媒体上找到你所需的信息，包括手机号和 IP 地址，甚至还有负片影像。

2.3.3 FOCA

FOCA 是 Fingerprinting Organizations with Collected Archives 的缩写。在 2010 年的第 18 届国际极客大会（DEF CON 18）中，来自巴西的一个黑客小组发布了该工具，很快便席卷了整个网络世界。

迄今为止，还没有什么同类软件能与 FOCA 相媲美。这是一个只能在 Windows 系统上运行的工具，已经经历了数年的风雨，甚至一度因为久未更新而被我弃用，而且也没人能联系到其运营者（这个工具不是开源的）。

后来，ElevenPaths 公司的几位朋友接手了这个项目，对其进行了更新，并发布在了自己的网站上。遗憾的是，FOCA 依旧只能用于 Windows 系统，但如果你不用 Windows 系统的话，特意为这个软件安装一个虚拟机也是值得的。

FOCA 能以惊人的速度获取有用的文件和元数据，你不妨试试看。

2.3.4 Maltego：这一切的始祖

虽然这听起来很像在给 Maltego 打广告，但我很爱它，真的很爱它。Paterva 公司员工的举动是难得一见的：他们做了一个很好用的工具，也发布了一个更小的免费版本（这个版本也很好用），并一直保持着商业版本的更新。因此，这个工具可以说是非常好用，并且一直在优化。

Maltego 是什么？它是一个能帮你搜集在线资源中的数据，并提供一个展示用的交互性图像的工具。它还能帮你编目、追踪、调查和与公共情报来源建立联系。

Maltego 让我原本困难的工作变得异常简单，这个工具易于上手而且富有乐趣。此外，Paterva 公司（创造 Maltego 的公司）的员工还提供了很多超棒的培训视频和课程。最后提一句，Maltego 可以用于任何平台。

2.4 小结

知识确实就是力量，想要获取有关目标的知识，恐怕没有比 OSINT 更好的来源了。如果遵循本章的原则，勤加练习并钻研技术，你就可以成为社会工程高手，能够发现隐藏在互联网上的各种细枝末节。

你已经完成了 OSINT 的所有过程，并能针对每一条信息进行分类、整理和存档。你找到的每一条信息都可能成为你下一步测试的载体，而你现在需要开始准备伪装了。如何分析你找到的数据并探寻目标的沟通风格？这是下一章的主题。

第 3 章 如何使用对方的语言

每个人对世界的感知都是不同的，只有认识并利用这一点，我们才能更有效地与他人交流。

——托尼・罗宾斯[1]

在写《社会工程：安全体系中的人性漏洞》一书时，我与 Chris Nickerson（Lares 咨询公司的 CEO）就交流模式问题进行了长时间的探讨。他深谙此道，对这方面有非常深刻的见解。

这次谈话让我在深入研究这一话题，以及了解社会工程人员的一些交流方式等方面受益匪浅。最后，我把交流模式归结为以下几个关键点：

- 信息来源
- 信息
- 渠道
- 接收者

缺少其中任何一点，沟通都无法成立。无论是香农–韦弗模式（Shannon-Weaver model）还是贝罗传播模式（又称 SMCR 传播模式），它们的原则都是相似的。

不管你熟悉以上哪一种传播模式，以我多年的经历来看，具体的模式其实并不那么重要。我知道这么说可能会让人有种把这本书当街烧掉的冲动，但在你这么做之前，

① Tony Robbins，励志演讲家与畅销书作家。——译者注

不妨先听一下我的解释。

如果你利用本书中的原则去与人交往、施加影响、建立沟通画像等，并且你的沟通对象能接收到你的信息，那么这些原则的确会奏效。只要你用对方想要的方式来与他们交流，那么这场对话就会完全在你的掌控之中。

补充信息

1947 年，克劳德·香农[①]和沃伦·韦弗[②]提出了香农–韦弗传播模式，该模式也称作“传播模式之母”。15 年后，戴维·贝罗[③]扩展了该模式，创造出了 SMCR 传播模式工具。之后，D. C. Barnlund 组合并简化了这些工具，提出了一个如今被大多数人使用的传播模式。Barnlund 的理论被收录在 *Communication Theory*（第 2 版）的第 4 章中。

我知道这么说有些过于自信了，不过我也并没有说它会像 1+1=2 那样简单。

这个问题可能很复杂，因为每个人都有一套自己的行事风格。例如，我喜欢非常直接的沟通方式，因此我不介意别人说我做得不够完美，只要你告诉我如何改进就行。我也喜欢用这种方式与他人交流，但假如对方不喜欢过于直接的表达方式，就会引来很多麻烦。

然而，匆忙之中切换沟通模式并非易事，虽然对某些人来说，这并不是问题。当我们感到舒适和放松时，问题就来了。这是因为此时我们的大脑总会触发一种化学反应，而这正是我们期待目标会有的反应，而这些化学反应会促使我们回到自己的“舒适区”。

还可以这样理解：你是否记得自己刚成年（或完全发育后）时，第一次尝试接触新事物的情景？比如尝试一种新的食物。在我的孩子们还很小的时候，我和妻子就鼓励他们凡事至少要尝试一次。他们不一定非要喜欢或者完成这件事不可，但我们告诉他们，如果没有尝试，就不要去评判。

有一年，我们全家去香港旅游。到了一家餐厅后，一道叫“乳鸽”的菜引起了我女儿的注意。她问我能不能尝尝。我的第一反应是问她：“你真的想吃这些怪模怪样的鸟吗？”但很快我又想起了要鼓励孩子尝试新事物的约定。

我女儿点了那道“乳鸽”，之后她看着我说：“爸爸，你想尝尝什么新菜？”其实

---

① Claude Shannon，美国数学家，信息论的创始人。——译者注

② Warren Weaver，美国数学家、工程师。——译者注

③ David Berlo，美国传播学家。——译者注

我一直对海参很感兴趣，但我并不确定自己是否真的能接受它。这东西听上去应该能吃，对吧？

图3-1是我女儿在尽情享用她点的鸽子，不过没有我吃海参时的照片。海参对我而言基本上就是生活在海里的大型鼻涕虫，你不妨自行想象。

图3-1　没错，这道菜里还有鸽子头

那么，这件发生在香港的关于我们一家饮食习惯的趣事和交流模式有什么关系呢？这么说吧，一旦吃到让我感觉很不舒服（而且在我看来很恶心）的东西，我就会开始寻找非常“美式”的食物。为什么呢？因为它的味道让我感到熟悉且舒服。

沟通也是如此。当你第一次走出舒适区尝试新鲜事物时，尤其在体验不佳时，可能会感到不适，会想逃回舒适区。但是，走出舒适区是非常重要的，你尝试得越多，你所尝试的东西就越有可能为你所用。

有趣的事实

我吃过四次海参，每次都会像第一次那样感到恶心。这与交流模式无关，但我觉得你可能会感兴趣，所以在此一提。

为了帮你掌握社会工程人员的沟通技能，我将在本章探讨以下关键内容：

- 了解你要接近的目标在想什么；
- 认识DISC（后面会解释）；

- 了解如何塑造你的 DISC 风格；
- 通过 DISC 获益。

在本书其他章节中，同一章节中的一些技能是相互独立的，但是本章的技能都是紧密关联的，而且彼此衔接。接下来先从了解一个初次谋面的人的想法开始吧。

3.1 接近目标

在我讲授的一门为期五天的“社会工程高级应用”课程中，许多学生不可避免地遇到了一个难题，那就是“接近目标”。

和陌生人接触的最初几秒钟是非常关键的，它将为接下来的互动定下基调。为了更好地理解这一点，我先给你讲一个特别尴尬的失败经历。

某天下课后，我正和好朋友 Robin Dreeke 以及一群学生待在一起，他们向我提出了挑战，让我展示一下接近一个完全陌生的人有多“容易”。在一整天的教学过程中，收到的反馈都是积极的，这让我兴奋异常。成功似乎唾手可得，我的肾上腺素水平开始飙升。我打算向他们展示一下我那高超的技巧，看看这对一个社会工程人员来说是多么容易的一件事。

我们七八个人站在大厅里，讨论如何实施本次“接近目标”，Robin 说由他来帮我选定目标。我身高大约 1.9 米，Robin 挑了一个比我身型稍小的男性作为目标。他就坐在我身后大概 0.6 米远的沙发上，一边看书一边等人。

请你设想一下这个场景，思考一下我“接近目标”的最佳策略是什么。是从后面吗？当然不行！那样会吓到他。直接站在他面前吗？也不行。那他就必须抬起头看我，给他的脖子带来压力，而那样的不适感也不利于对话的顺利开展。你会怎么做呢？想想看。

当 Robin 告诉我目标对象是谁后，我直接不假思索地转身，用我的纽约口音大声说道：“嗨，你好！我能请教你一个问题吗？”

这个男人被我突如其来的转身和大声的自我介绍吓坏了，他猛地靠向椅背，以至于失去平衡摔倒在地上。我赶紧跑到他身边，既尴尬又担心他受伤。我连忙说：“我扶你起来吧。”他比我预想的要轻，结果我把他和椅子扶起来时用力过猛，他又被我向前扔到了地上。

他抬头冲我吼道：“**离我远点，你这人是不是有毛病？！**”（虽然他并没有骂脏话，但是从他的声音可以知道他已经极度愤怒。）

我扭过脸说道："真的很抱歉，先生。"我不敢看他，羞愧地低着头走回了大厅。学生们都在那里笑作一团，Robin甚至笑得眼泪都出来了。我输了！

多年来，类似的经历、类似的故事数不胜数。然而这些经历让也我明白了一些事，这些事真正改变了我看待交流的方式。你觉得你要怎么做才能让交流对象感到舒适和安全呢？想想看。

想象你正站在街上，看到对面有个人径直向你走来，准备和你搭讪，你会怎么想？我根据个人经验总结了以下四点。

- 你是谁？
- 你想做什么？
- 你会对我有威胁吗？
- 我们的接触会有多久？

当接近某人时，如果你能在交谈的最初5~10秒内回答以上四个问题，就能把握整个互动的走向。这部分内容为本书的许多部分打下了基础，所以请你将本页折角或者放个书签，因为我会经常提到上述内容。以上四个要素也会出现在其他章节的下列话题中。

- 你的伪装（第4章）
- 你说出的第一个字（第5章）
- 肢体语言和面部表情（第8章）

图3-2能帮你记住这四点。

图3-2　交流过程中的四个关键点

我并不是说每个人在被接近时都会思考这四个问题，但这四个问题往往是人们所关心、思索或担忧的。如果你（交流的发起者）能在谈话之初回答清楚这四个问题，就能让对方放松下来。

古往今来的骗子们早已摸透了这四点，他们通过各种手段让目标放松心理戒备，然后再向他们提出要求（也就是交流的目的）。明白这四点不仅能让你成为更好的社会工程人员，而且还能在别人试图用这些技术对付你的时候帮你保护自己。

但首先你要了解自己的沟通方式，说到这一点就不得不提一个非常简单并且好用的交流画像工具。

3.2 DISC 画像初探

1893 年，威廉 · M. 马斯顿[①]出生了。他 22 岁就获得了哈佛大学文学学士学位，三年后又取得了哈佛大学法学院的学士学位。再过了三年，他从哈佛毕业并拿到了心理学博士学位。之后，他去了美利坚大学任教。

在哈佛大学就读期间，他研究了人类说谎与血压变化之间的关系。1915 年，他制造了一个机器，用来测量人们被提问时的血压变化。

1917 年，马斯顿发表了他的研究成果，就从那时起（你大概猜到了）测谎仪诞生了。在 20 世纪二三十年代，他是一名非常活跃的演讲家和政府顾问。他在那个时代特立独行，因为比起变态心理学，他对人类的群体行为更感兴趣。

1928 年，他出版了《常人之情绪》，并于 1931 年又出版了 *Integrative Psychology: A Study of Unit Response* 一书。正是通过这些作品，马斯顿才逐步构建出了 DISC 系统。他想找到能够度量行为和意识的方式。虽然他并未开发出本章所探讨的测试，但他开发了这个 DISC 模型，并将该模型应用到了其在 1930 年与环球影城的合作中。他们想从无声电影过渡到有声电影，而马斯顿的工作对于帮助创建更自然的手势和面部表情至关重要。

有趣的事实

马斯顿是女权主义的积极拥护者。他早年学习希腊和罗马古典文学时，就对将该学派和女权运动相结合一事非常感兴趣。正是基于这种热情，马斯顿创作出了“神奇女侠”（Wonder Woman）这一角色，他也因此于 2006 年入选漫画名人堂（Comic Book Hall of Fame）。

① William Moulton Marston，美国著名心理学家、编剧、测谎仪发明家，代表作品有《神奇女侠》等。——译者注

马斯顿的作品改变了我对社会工程的看法。很多人都试图搞清楚如何迅速地给他人做心理画像，而马斯顿的方法更为简洁，让我深感共鸣。我是社会工程人员，不是心理学家，因此理解人的心理状况对我意义不大，理解人的交流方式才是我关心的重点。

3.2.1 DISC 是什么

DISC 是首字母缩略词，不同的人对其有不同的解读，而我个人的理解如下所示：

- D——直爽型/支配型（direct/dominant）
- I——影响型（influencing）
- S——支持型/稳健型（supporter/steady）
- C——谨慎型/服从型（conscientious/compliant）

以上每个字母都代表一种典型的交流风格。通常，DISC 可以用可视化的形式来描述。我个人会采用如图 3-3 所示的方式。

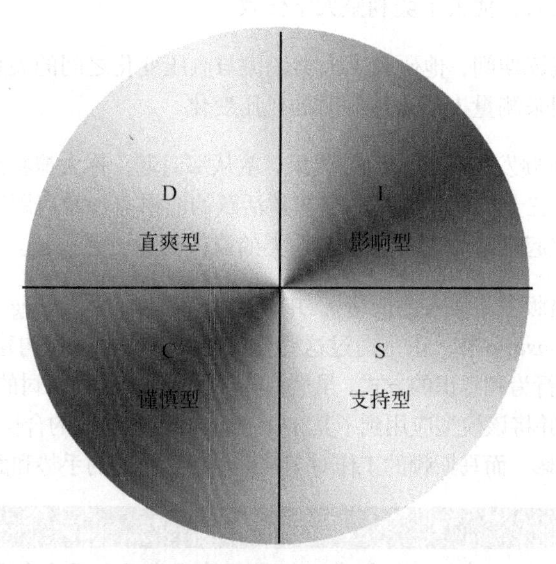

图 3-3　DISC 的简单定义

以上每种交流风格都有其独特之处，这能帮助我们预测不同的人在交流中的行为。通过运用 DISC，你会发现，正如我们所料，人和人之间是有差异的。

假设你面对的是一个 D 型（即直爽型）交流者。他可能有一副大嗓门而且非常吵闹，也可能既安静又坚定，或者介于两者之间；但抛开这些差异，直爽型交流者有一个共同点，那就是直接而且坦诚。因此，如果能迅速地给这个人做出画像，你就可以快速调整自己的交流方式，进而更好地影响这个人。

我在上课的时候经常会遇到一些与此相关的问题，以下是其中最常见的两个。

问题：怎么知道我更偏向于哪种类型？

回答：这是个好问题，但是不容易回答，我将在下一节给出详细解释。

问题：我能否符合不止一种类型？或许我是几种类型的混合？

回答：是的，我们都会表现出不止一种类型的倾向，因此符合一种以上的类型是很有可能的，有的人也确实会处于多个类型的结合点。此外，我们符合的类型也会随着时间发生变化。

虽然这个评估方法已经很准确了，但是请记住，任何类似的评估都不可能 100% 准确（至少在我看来如此），它受制于一个人的回答方式和情景变化。

我把它看作专业社会工程人员所使用的重要工具，它可以帮助你掌握更多的专业技巧。

在讲述如何像社会工程人员一样使用 DISC 之前，我需要探讨另一部分的内容（也许是本书中最重要的一部分内容），那就是了解你自己的交流方式。

3.2.2 了解自己是智慧的开端

这一节的标题可不是什么奇怪的哑谜，因为这是真正理解交流画像工作原理的基础。在你成为交流高手之前，先了解自己是非常有必要的。让我来解释一下其中的原因。

一个厨师在厨房里放了很多把不同种类的刀，有 10 厘米的、20 厘米的和 25 厘米的，每把刀的形状和重量都不相同，用途也各不相同。图 3-4 中展示了各种不同的刀。你认为哪一把刀最适合切卷心菜呢？

我会选择右起第四把，因为它的重量足以切开一颗厚厚的卷心菜，长度也足以贯穿卷心菜。它能让我的手臂和手腕在切菜的时候更轻松。我见过有的人选择用右起第五或第六把刀来切卷心菜，结果怎么样？刚切了没几分钟，他们的手就酸疼起来，手腕也受伤了。而且你在使用其他几种刀切卷心菜的时候，也会很容易受伤。了解哪种工具最适合这项工作、如何正确使用工具，以及这种工具的优缺点之后，你就能选出最合适的工具了。

图3-4　请做出明智的选择

DISC也是同样的道理，有的画像适合一些特定的任务，而不太适合其他任务。了解你自己所属的类型，能帮你真正了解自己的优势和劣势，弄清楚该如何清晰地表达自己的想法和意图，还能大大降低你惹恼对方的风险。对于社会工程人员来说，这是工作中非常重要的一部分。

我知道几种可以帮助人们认识自己所属的主要交流类型的方法，但我最常用的还是DISC测评工具，因为它可以更容易地帮助人们了解自己。不过，先别急！在你忙着打开浏览器，搜索“免费DISC测评”之前，我要提醒你这样做的不妥之处。

我看过的很多线上测评采用了一种我认为有缺陷的方法，他们会给你一句话，让你回答一系列与该情景有关的、预先设定的问题，例如：

假设你是Chris的上司。Chris刚刚冒犯了你，你会怎么办？

a. 立马炒他鱿鱼。

b. 开几个玩笑，然后继续工作。

c. 让他坐下来，对他解释这样做为什么错了。

d. 尽可能让他明白，他这种态度是不利于整个团队的。

这种DISC测评题目的问题在于，你可能还没有足以回答这些问题的经历。万一你从来没管理过其他人呢？万一你从来没管理过一个不听话的人呢？太多的不确定因素让这些问题变得难以回答，从而导致了结果的不准确。

如果你确实想尝试一下，那我建议你找做单词选择的测评，这种测评会让你选出一个最符合你和一个最不符合你的单词，而不是基于情景的测试。举个例子：

请你从如下表所示的单词中，选出你觉得最符合你和最不符合你的单词。即使你对这些单词没有强烈的感觉，这个测试也多少能反映你的真实情况。

最符合	最不符合
有逻辑的	有逻辑的
严肃的	严肃的
顺从的	顺从的
自由意志的	自由意志的

让你通过几句话来想象一个从未有过的经历，这对大多数人来说很困难，因此我推荐使用词组测评。这种测评能确保最终的结果更科学、更准确。

我经常让我的学生根据自己在工作中的表现回答这些问题（这是因为，如果他们根据在家时的表现来回答，结果往往相差较大），这样我就能得到他们的交流画像一致且真实的结果。

但遗憾的是，我还不知道如何对本书的每一个读者进行 DISC 测评，所以我必须另辟蹊径，才能让你理解它的强大之处。

请看图 3-5。

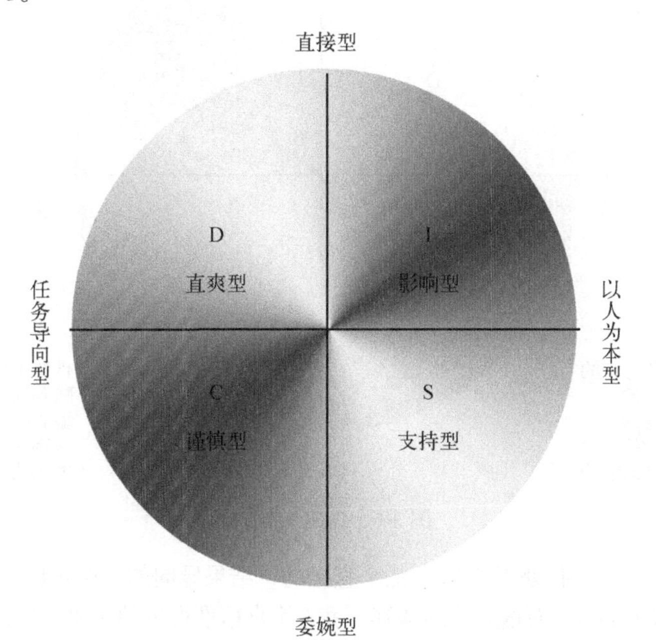

图 3-5 理解 DISC

请先关注图中圆形**外侧**的词（也就是暂时忽略圆形内侧的词），并根据自身情况回答以下两个问题。

(1) 你的交流方式是更直接还是更委婉？**别着急！**在回答问题之前，请注意，我并不是在问你认为别人是如何看你的，而是让你诚实地评价自己是更直接还是更委婉。与人交流时，你会开门见山，还是迂回含蓄？你对直接的方式感到头疼，还是更加享受？现在，请根据你的答案，写出你的交流方式是“直接型”还是“委婉型”。

(2) 你是偏向于任务导向，还是偏向于以人为本？当你参与一项工作时，你是更关心任务的完成情况，还是更关心帮你完成任务的人？请根据你对这个问题的回答，写下“任务导向型”或“以人为本型”。

如果让我来做这个测试，我的答案会是“直接型”和“任务导向型”。在图3-5中，“直接型”和“任务导向型”这两条线段间的区域是“D”，即“直爽型”。简单吧？

现在请你全面地评估自己。你的测试结果如何？图3-6中展示了更多细节。

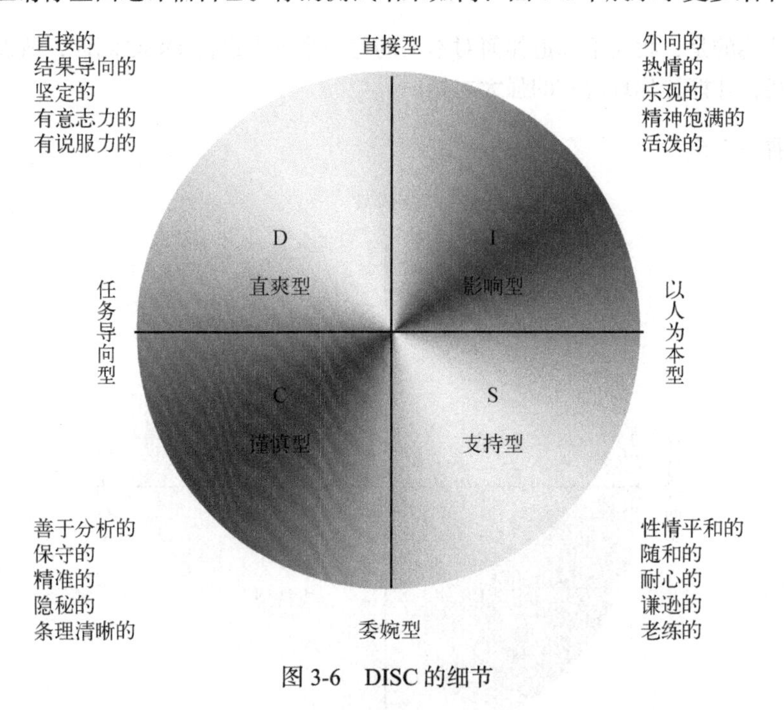

图3-6　DISC的细节

以我自己为例。我处于D区，是个直接的、结果导向的、坚定的、有意志力的，并且具有说服力的人，而这完美地描述了我（简直精准得可怕）。但这意味着什么呢？

我偏好直接的**交流方式**。请记住，这不是心理画像，而是交流画像。理解这一点之后，你就会明白应该如何调整交流方式来更好地影响目标了。

在做完这两个测试题之后，你应该就对自己有相当精准的评估了。但在为他人做交流画像时，这个评估有什么意义，又该如何使用呢？

1. 用 DISC 获益

DISC 画像非常高效，我们的团队在社交媒体、语音通话甚至照片分析中使用它时，发现其精确度高得惊人。

Robin Dreeke 给我讲了个故事，他只用目标对象的一张照片就完成了 DISC 画像。我来给你讲述一下具体情景。

这张照片的内容是，一条繁忙的城市街道上出了一场车祸，但没有人员伤亡，只是一起轻微交通事故而已。街上挤满了跑到汽车旁边查看的人，而 Robin 的目标人物却背对着事故现场，没有投去目光——他缩着肩膀，手揣进了口袋。仅此而已。

根据这些描述，你会把这个人放在 DISC 图的哪一部分？

思考一下我刚刚问你的那些问题。根据我对照片的描述，这个人是更偏向任务导向型，还是以人为本型呢？这人真的不怎么“以人为本”，对吧？所以，答案似乎应该是“任务导向型”。

那么他是直爽型还是委婉型？当其他人都在关注这场事故的时候，他表现得对事故现场毫无兴趣。因此，Robin 猜他是委婉型。

这样，我们就可以将他定位在图 3-6 的左下角部分，也就是 C 区——他是一个善于分析的、保守的、精准的、隐秘且条理清晰的人。他有要去的地方，并且这个目标高于一切。他的肢体语言既不夸张，也不富侵略性，所以我们把他放到 C 区就比较准确了。

这之后成了 Robin 的一个经典案例，如果你读了他的书 *It's Not All About "Me": The Top Ten Techniques for Building Quick Rapport with Anyone* 的话，你就会知道后续。（提示：他成功了。）

我也曾训练过我的学员，通过只关注 DISC 的四个方面，将被测试者放入合适的分区，并在数分钟内完成类似的测试，而且成功了。但是，如果我们无法完美地回答所有问题呢？

2. 灵活运用 DISC

假如你不知道我是任务导向型还是以人为本型，但知道我是直接型（或者是委婉型），你该怎么办？在这种情况下，你仍然能把我当作直爽型的人来高效地交流（即便我同时还属于谨慎型或支持型）。

在类似的情况下，如果你知道我是任务导向型而非以人为本型，这么做也没问题。你可以把我当作 D 型或是 C 型来交流，这总比把我当作 S 型来交流的效果要好得多。现在你明白这到底是怎么一回事儿了吧？

举例来说，你可以通过观察某个人在社交媒体上的发言来判断他属于哪种交流风格。即便你无法 100%准确地描述某人，也可以做到尽可能地准确。

专业提示 注意，不要过度关注他所转发的内容，因其无法让你精准地刻画出这个人的交流风格。我个人倾向于把关注点放在他的所有原创内容上。

另一个行业秘密是关注这个人使用的主题词。请回到图 3-6，看看哪些词能描述你所看到的内容。他的大部分发言是直接、有说服力、结果导向的，还是精准、隐秘、条理清晰的呢？

但要注意一点：有时候人们会根据地点、形式和对象的不同而采用特定的交流方式。例如，我在讲课时，就会更倾向于以 I 型而非 D 型的风格来交流，这对我、学生以及其他相关的所有人都有益处。如果你想要影响我，就需要弄明白在你尝试影响我时，我是如何与你交流的。

你还是对此很困惑吗？不要想太多，你只需要记住，这是你的一个工具，一个可以帮助你在对话之初的几分钟拉近与对方距离的工具。

如果你已经确定了某个人的交流类型，你将如何利用这一信息来帮助自己呢？要回答这个问题，你需要先了解一下，自己在作为权威者（或服从者）时，会以哪一种方式进行交流。

- **D 型交流者**

如果你以权威者的身份来交流，请你：

- 开门见山；
- 设定明确的边界；
- 简要切题；
- 只回答“是什么”。

如果你以服从者的身份来交流，请你：

- 强调“是什么”而非“怎么做”；
- 给出选择，但强调结果；
- 注重逻辑；
- 肯定事实和立场，而不仅仅肯定个人。

- **I 型交流者**

如果你以权威者的身份来交流，请你：

- 友好放松；
- 让对方畅所欲言；
- 帮助对方将想法付诸实践；
- 回答“是谁”。

如果你以服从者的身份来交流，请你：

- 注重新的、特别的信息；
- 交流要有来有往；
- 不占主导位置；
- 引用“专家言论”和证据。

- **S 型交流者**

如果你以权威者的身份来交流，请你：

- 客观公正且条理清晰；
- 轻松友好；
- 用词一致，告诉对方“为什么”；
- 明确你的需求。

如果你以服从者的身份来交流，请你：

- 保持耐心；
- 询问“怎么做”；
- 关注团队。

- **C 型交流者**

如果你以权威者的身份来交流，请你：

- 注重细节；

- 稳重可靠；
- 不吝赞赏；
- 告诉对方“怎么做”。

如果你以服从者的身份来交流，请你：

- 运用数据与统计；
- 提供逻辑与事实；
- 强调可靠性。

通过以上描述，我们了解了不同的交流方式，接下来我们做一个小练习。假设Michele是I型，我是D型，我需要怎么改变自己的交流方式，才能影响到Michele呢？（你也可以这样做：根据自己的交流方式，想想应该怎么改变自己的交流方式才能影响到Michele。）

我喜欢简明扼要、直奔主题的交流方式，但Michele更倾向于友好平等、有来有往的交流方式，不喜欢另一方在交流中过于强势。看出难点所在了吗？我需要伪装一下自己，确保能让Michele高兴，并影响到她。要做一个好的影响者，你必须在交流中多考虑对方的需求，而不是你自己更喜欢什么样的表达方式。

3. 了解自己的局限性

DISC画像的奇妙之处就在于，无论你是和对方面对面交流，还是打电话、发邮件，甚至是通过社交媒体交流，它都很好用。你只需要弄清楚目标对象的交流风格、你们交流的媒介，以及交流的目的，剩下的部分就很简单了。

当然，这并不是什么魔法。总有一些因素会增加或减少成功的概率，并不是只要你给目标对象做了画像、做了正确的评测，并在他们的交流舒适区谈论他们感兴趣的话题，你就能100%成功。疾病、压力、工作量，以及其他许多因素都会影响到交流效果。对于这种局限性还需要给出证据吗？想想你的孩子（或者你认识的人的孩子）吧。

我女儿能在瞬间融化我的心。她有让我为她做任何事的超能力。即便如此，在我承受压力或要做的事太多时，我对她的耐心也会比平时稍差。我的交流方式会因此改变，而这也会发生在每个应对外部环境的人身上。

常言道“熟能生巧”，不要因为最初的几次失败就放弃。当你最终取得胜利时，你就会惊讶于它是多么有效。

再讲一个故事：在我的第一本书发售的时候，我被邀请去现场签名售书。当我看到购书的读者排起长队等待签名时，我惊呆了。

很多读者表达了对我的书以及我本人的喜爱——这让我有点无法招架。一个年轻人走到我面前，说我的书改变了他的人生——说了整整一分钟。他说我的书帮他度过了人生的一段艰难时期，甚至指引了他的职业道路。我清晰地记得当时自己受宠若惊地想：这是真的吗，还是 Dave 开的又一个玩笑？为什么所有人对我的书都有这样的评价？我对他微微一笑表示感谢，并把签好名的书还给他。他表现出明显的失望，但后面还有人在排队，所以我就继续签名了。大约过去了四五个人之后，这个男人还站在一旁，通过肢体语言明确地表达着自己的不满。

此时，另一个年轻男人走进队列，把书递过来让我签名，同时说道："这本书很好，但我看到里面大概有四处明显的错误，而且你引用了四次维基百科，这对一个作者来说简直太差劲了。"我抬头看着他，给了他一个大大的笑容，然后让他和我一起坐在桌边，这样等签售完之后，他就能给我指出书中他认为错误的地方了。

在他绕过桌子，坐在我旁边的时候，第一个年轻男人又跑到桌前。他显然非常生气，骂了几句然后说："我来到这儿跟你说你改变了我的人生，我是你的忠实'粉丝'，你却毫不在乎地敷衍我!!这个男人过来跟你说你很差劲儿，你却把他当成了好朋友?!你是不是有什么毛……"

此时此刻，我是真的不知道该怎么回应了。我被他的怒火吓蒙了，但是我也很理解他。于是我道了歉，让他过来坐下好好说，但是他心情太差了，怒气冲冲地直接走了。

很久之后，我一遍又一遍地回想当时的整个场景，终于明白究竟发生了什么。那个年轻男人是 I 型交流者，他以典型的 I 型风格（富有激情、外向活泼、十分友善等）跟我交流。他的 I 型交流风格太强烈了，而我作为一个坚定的 D 型交流者，不知道如何处理这种状况，于是我停止了与他的交流，转而应付其他人去了。但当第二个年轻男人向我提出质疑，告诉我该如何改进时，我对他的风格产生了共鸣，并希望进一步与他交流。

我该怎么解决这个问题呢？或者进一步讲，我该如何彻底避免此类问题的发生呢？

答案就是，站在对方的角度进行交流。当那个年轻男人出现并对我大加赞赏时，我应该这样做：

- 问他书中哪部分对他真正有所帮助；
- 夸赞他，如果我能真诚地、切合实际地做到这一点的话；
- 认真聆听，然后让他稍后再与我详谈，因为队伍还很长。

这样做能带给他认同感，让他觉得自己很特别，这样他就不会拂袖而去了。从这件事来看，即使我们把事情搞砸了，也要花点时间回忆一下整个过程，看看能从错误中吸取什么教训。

3.3 小结

DISC 是一个非常强大的工具，它能让你快速与目标对象拉近距离，建立融洽关系，让对方相信你并愿意帮助你。学会快速读懂一个人，进而学会使用交流画像来调整你的交流风格，你就能更轻松地与目标对象交流了。

不过，请不要把这个过程复杂化。记住，即便你只能把一个人划分到 DISC 圆形的一半区域，也可能为你的交流带来极大的帮助。但你要知道，DISC 不是什么街头魔术，你不可能在一夜之间（或许永远不可能）变成一个人类交流建模专家的。

当然，这也不应该是你的目标。你的目标应该是保证整个交流过程的关注点都在对方（而不是你自己）身上，确保在交流的过程中不断催生出我在第 1 章里提到的两种化学物质（多巴胺和催产素）。这样，你们就能建立起信任和融洽关系，而这会让你的社会工程工作轻松许多。

这时你可能会说："哇，这简直是把交流变成武器的秘诀。"

没错。事实上，许多原本不是武器的东西往往变成了武器。汽车就是一个很好的例子。

我有一辆爱车，我特别喜欢开它。我对这款车倾心已久，最终拥有了它。我觉得，汽车厂商生产汽车的时候，肯定没有想到将来会出现这么多肇事逃逸的交通事故。但根据交通安全基金会（AAA Foundation for Traffic Safety）2016 年的报告，超过 11% 的汽车事故存在肇事逃逸现象。

这说明什么呢？汽车可以是一台出色的机器，它能带你到处游览，给你带来无限乐趣。但汽车也可以是一种致命的武器，而这要取决于使用者是谁以及如何使用它。对 DISC 的使用亦然。

我在 Social-Engineer 有限责任公司为期 5 天的培训课程中，有一句非常简单的口头禅，"让人们因认识你而更美好"。

如果你将这一点铭记于心，那么你在本书中学到的技巧就不仅能帮你保护自己以及识别攻击者，而且更能帮你成为一名成功的职业社会工程人员。

在给别人的交流方式做画像时，不要试图利用或操控他们。要学会改变自己的交流方式，尽量站在对方的立场上，让他们感到快乐。

请先将你从本章中学到的知识在家人和朋友身上练习，然后再应用到社会工程中去。在你能够自如地运用交流模式之后，就可以尝试在交流中对你的目标对象提一些小要求了。快去试试吧。

成功之后，我们就可以进入下一个主题了，也是让你的社会工程技能更上一层楼的主题——伪装。

第 4 章 变成任何你想成为的人

凡可想象，皆为真实。

——巴勃罗·毕加索

如果可以的话，我会给这章的开头配上《碟中谍》的主题曲，只可惜我不知道怎么在书中嵌入音乐文件。但至少我能让你想起那段耳熟能详的旋律，它非常适合本章的内容。

变成任何你想成为的人听起来非常吸引人，这在社会工程中称为“伪装”。有人会用“谎言”或其他消极词语来定义伪装，但我喜欢用更中性的词语来定义它。我是这样阐述这个概念的：

> 伪装被定义为以他人的身份来表现自己，从而获取私人信息的行为。它远不是简单地撒个谎。在某些情况下，伪装可能需要编造一个全新的身份，然后利用该身份来巧妙地获取情报。伪装还能用于模仿特定职业的人或者某种角色，而这种职业或角色是伪装者从未实际体验过的。伪装也不是一个一招通吃的解决方案，社会工程人员需要在其职业生涯中编造多种不同的伪装。这些伪装都有一个共通之处：研究。

在一次任务中，我需要进入七间仓库，我把自己伪装成了一名消防安全检查员。在另一次任务中，我需要进入公司内的高管办公室和收发室，我把自己伪装成了害虫防治人员。还有一次，我需要进入安全运营中心（SOC）和网络运营中心（NOC），于是我先假扮成求职者，进入大楼之后，我又转变身份——伪装成了一位从外地回来的管理人员。我还曾把自己伪装成人力资源主管和电话客服人员。这样的经历还有很多，一句话总结：我曾扮演过许多不同的角色。

关键在于，没有任何一种伪装是可以适用于所有状况的，这也是本章的要点所在。本章将着重阐述伪装的原则，以及如何将其应用于社会工程的各种情景中。不管你是通过电话，还是通过邮件、社交媒体，抑或是面对面开展社会工程工作，都可以采用这些原则。我将通过一次工作经历来具体解说所有的伪装原则。

以下是本章所要讨论的原则：

- 想清楚你的目标；
- 明白现实与虚构的差距；
- 把握尺度；
- 避免短期记忆丢失；
- 为伪装做好准备；
- 执行伪装。

伪装既是社会工程任务中最有趣的部分之一，同时也是最危险的部分之一。如果你不坚守以上原则，可能会为此付出惨重的代价。我会把伪装成功和失败的故事都讲给你听。

如果你想成为职业社会工程人员，熟练掌握伪装技巧是很重要的，它关系着任务的成败。

4.1 伪装的原则

我会对这些伪装原则逐条进行讲解，在这之前，我想先讨论一项对于渴望从事社会工程的人员来说很有帮助的技术：体验派表演，或即兴表演。

许多城市开设了体验派表演或者即兴表演课程，任何人都可以花几个周末的时间体验一下。本书中提供的许多技巧是涵盖在这类课程内的，并且这类课程还能提供一种本书无法提供的东西：体验。

即兴表演课程能帮你在自然状况下走出舒适区，更好地进入角色，学会成功地策划和进行伪装。有的读者可能无法在当地找到相关的课程培训。无须担心，你可以在网上购买一张叫“Uta Hagen’s Acting Class”的 DVD。通过观看视频，你同样可以了解伪装和进入角色的基本方法。

不过，即便有了好的表演教学资源，你仍需要了解、学习伪装的六条重要原则。先从第一条开始吧。

4.1.1　原则一：想清楚你的目标

消防安全检查员、害虫防治人员、人力资源主管……这些只是我曾用过的伪装身份的一小部分。那么，我是如何根据每次的任务地点或者任务目标来进行规划的呢？

这都要从 OSINT 开始。我会深挖目标或目标公司的细节，搜集目标的坊间故事、新闻报道、个人好恶，以及相关事件等（第 2 章中谈到了更多细节）。从这些重要的数据片段中能获得大量信息，让我明白应该注重哪种伪装。但还有另一种关键信息，它能决定我最终所要选择的伪装，那就是任务目的。了解我要达成的目的，比仅了解我要潜入的企业更为重要。我会通过一个故事来阐述这一点。故事的名字叫作“18 楼大作战”。

我曾被委托潜入一栋设有安保的建筑的第 18 层。这栋建筑由一家物业管理公司维护，而且那家公司**并非**我的客户（我的委托客户是一个生产在线音频内容的公司）。在这场测试中，我唯一能进入的楼层就是第 18 层。这家公司基本上无预约不准进入，出入电梯也需要刷员工卡，而且公司的总部设在另一个州。

在 OSINT 阶段，我的团队几乎找不到任何和委托公司员工（在目标建筑内工作的员工）相关的姓名和身份信息。然而，我们找到了公司经理的姓名以及其他相关的情报。此外，我们还在一个服务器上找到了一些文件：安全检查表、一些内部通信记录、后续项目的相关营销资料，以及其他一些琐碎的文件，而这些文件是该公司本不打算公开的。

仅根据这些信息，你觉得哪种伪装比较合适？请先花点时间思考这个问题再继续往下读。试着想出至少一种伪装。

也许你想伪装成电梯维修工？这个身份能让你顺利地进入电梯，并且不会引起安全人员的注意。也许你会想到公司总部的代表，回来进行一场突击检查？再或者，你想到了我从未提及的其他伪装？

还有一些其他细节是这次伪装行动需要明确的：我的任务是在成功潜入大楼并进入第 18 层后，拍摄出入口的视频和照片。我还要拍下任何未上锁的计算机的照片，并设法拍下任何非公开的文件或项目的照片。

根据这些细节要求，我需要确保我的伪装能让我接近计算机和办公桌。而且为了拍到所需的照片，我要么需要手持摄像机，要么需要使用隐藏式摄像机。

这个身份似乎不能达到这一目的。伪装成电梯维修工能让我成功潜入大楼吗?能，但我可能无法实现根本目的。

假扮成来自总部的代表也许能让我潜入大楼，登上第18层楼，甚至进入办公室，但仍有限制。我需要知道谁在那个办公室里上班，这样我的"突然来访"才顺理成章。

通过在公司服务器上找到的安全检查表，我发现这个公司对楼梯门有着严格的规定——它们根本无法从连接楼梯井的一侧打开。事实上，连接楼梯井的那一侧可能连门把手都没有。

掌握了这些信息，我确定了我的伪装身份：第三方安全顾问。由于在另一家分公司发现了安全隐患，我奉命来给楼梯间出口做一个 15 分钟的快速检查，以确保它们符合安全规范。因为我是突然来访，所以这家公司的员工会在毫无准备的情况下，在忙着各自的工作时迎接我的到来。为了让客户确信检查时的真实性，我需要用摄像机全程录像。

明白了吗?具体的目标有助于改善我的伪装。充分了解细节后，我就能找到一种伪装，在不引起对方警觉的情况下达成所有目标。厉害吧?

了解了这些信息之后，接下来要讲解的是第二条原则。我也将在下一节描述"18楼大作战"的其他细节。

4.1.2 原则二：明白现实与虚构的差距

这条原则可以简单地解释为，如果你的伪装是建立在现实经历（无论是对你还是对你的目标而言）的基础上的，那么你将更容易记住它。我的意思是，你的伪装应当源于实际生活，并依赖你已有的或能轻松驾驭的知识。我经常跟别人说：我觉得父女关系是最难伪装的关系之一。这是因为直到我有了自己的女儿之后，我才理解了这种关系。我谈起她时的说话方式，以及所表现出来的情感是不可能伪装的。如果我没有女儿，却假装自己有，并去和一位有女儿的目标套近乎，那是很危险的。但我可以假装有个侄女，对吧?

我想说的是，伪装应该基于自身已有的事实、情感和知识。如果你没有，但能够轻松伪装，那也可以。不妨回顾一下我在上一节中提出的一些伪装。因为我几乎不了解电梯及其运作方式，所以如果我要假装成电梯维修工的话，一旦被盘问，我就很容易失败。

此外，我还要选择一个我容易回应的名字。有些人可以回应一个不属于他们的名字，但多数人一般会选择一个曾用名，或者自己名字的变体。

一般而言，在需要亲自前往现场的社会工程任务中，我会坚持扮演男性角色，这自不必说。但我也曾在网上、社交媒体上，甚至在通过电话进行的社会工程任务中伪装成女性。

有趣的事实

美国的许多公司都有一项政策：电话客服人员不可质疑来电者的性别。所以，即使在电话里听到一个叫 Sally（常见女名）的人声音酷似 Barry White（男，美国音乐家），电话客服人员也不能对此提出疑问。如果因为电话里对方的嗓音而质疑对方的性别，就有可能冒犯那些的确有着特别嗓音的人。知道了这一点后，我就曾在进行电话交流时使用过 Christina、Christine 和 Laurie 等常见女名。

考虑到目标的实际情况，你应尽量让你的伪装基于一些能把你的目标保持在 α 模式的事情上。（有关 α 模式的探讨，请回顾第1章。）

如果你的目标对话题很熟悉，也就是说你的用词、主题和语境都符合他的预期，你就很有可能让目标保持在 α 模式，从而使其精神放松，不再充满警惕。

在我的“18楼大作战”行动中，我用了一个在 OSINT 阶段找到的文档。我并没有学习新技能，可以说我不仅在目标所熟悉的现实领域内，也在我自己所熟悉的现实领域内。

有时候，即便你已开始为现实做准备，你也很难把握具体的尺度。

4.1.3　原则三：把握尺度

把握好尺度是非常重要的，不要用力过猛。我常在我的课上遇到这样一些学生，他们甚至想为其伪装的身份打造一个完整的人生履历，信息都能详细到那个人在 11 岁的生日聚会上吃了什么。

至于伪装到底需要哪些细节，请记住：人们只关心必要的信息，以便尽早完成你所设计的互动环节。

我来具体说明一下。在“18楼大作战”中，我伪装的是安全检查员。你觉得我的目标关心的是什么？

在本案例中，他们不会关心我的孩子叫什么，不会关心我养的狗，也不会关心我早饭吃了什么。他们只会关心我在第3章中所提到的4个问题。

- 你是谁？

- 你想做什么?
- 你会对我有威胁吗?
- 我们的接触会有多久?

根据我的伪装，目标最先想知道什么信息呢?请看下面的对话。

问：你是谁?

答：我是安全检查员，公司派我来做一个快速检查，以确保你们符合所有的安全规范。

问：你想做什么?

答：我需要你抽出15分钟，配合完成这次检查。

问：你会对我有威胁吗?

答：这件事很紧急，但我不会给任何人惹麻烦的。

问：要花多长时间?

答：应该能在15分钟内结束。

其他的细节都是目标不关心的冗余信息。但这是否意味着你可以不做任何准备呢?当然不行。你仍要准备一些有关“角色”的基本信息，以防目标提问。因此，我为自己的身份构造了如下信息：

> 我叫Phil Williams，40岁，是一名安全检查员。已婚，育有一子。虽然不养宠物，但是喜欢小猫小狗。我过着公司家庭两点一线的无聊生活，已在*X*州居住了*X*年。

这些都是非常基本的信息。那么我还需要哪些信息才能确保圆满完成任务呢?

- 妻子的姓名
- 孩子的姓名
- 孩子的年龄
- 所在州的州名
- 州内的城市
- 我在公司的职位和职能

基本上就是这些了。可能还有一些需要策划的小花絮，但大多数情况下，人们只会问类似的基本信息。

如果在伪装的过程中不懂得见好就收会怎样？我给你举个例子：有一次我给一名学生布置了作业。他在前一天晚上接近陌生人的任务中失败了。为了帮他重拾自信，我跟着他去了一家酒店的大堂。我想看看他是如何与陌生人交流的。我的目的就是观察他执行任务的过程，看看他在哪里出了问题，并给他提出改进建议。

这名学生走向了一位女士。开始时一切顺利，他的笑容很温暖，给人的感觉也非常友好。这位女士开始和他交谈，我能看出她的肢体语言开始变得温和而友好，因为她的髋部转向了他。（第8章将介绍更多的肢体语言。）这名学生问她来自哪里，她微笑着回答："费城。"

他说："真的吗？太巧了，我也是！"可不幸的是，他说的没一句实话。当我听到他说出这些话时，我就知道，这次任务已经无可挽回地走向失败。

女士回应道："哇，真的很巧！你住在哪儿？"

这位学生终于意识到，刚刚撒的谎给自己惹了个大麻烦。他回答："呃，你知道，住在那个大钟一样的玩意儿旁边……"他的声音越来越小，因为他知道自己马上就要露馅儿了。

"钟一样的玩意儿？"她问，"你是指独立钟吗？"

"哦，对，我就是那意思……"他畏畏缩缩地说。

"首先，我不知道你在玩什么把戏，可你竟然说'钟一样的玩意儿'？从费城来的人绝对不会叫它'钟一样的玩意儿'的！其次，那'钟一样的玩意儿'旁边一座房子都没有！咱们的对话到此为止吧。"她转身走了。

这学生走向我，说："天哪，我前两天晚上基本上也是这样！"

我让他跟我说说前两天晚上对话的细节。通过他的描述，我逐渐清楚了问题所在：他总是竭力迎合目标的所有言论，却缺乏相应话题的知识储备。

他上过一节"族群心理"课（我将在第5章中详细探讨这一话题）。课上说，无论目标说他们住在何处，他都应该附和，这样目标就会自然而然地对他产生好感。

仅供参考

我先简单地描述一下族群心理，你也不用等到第5章再去了解。族群心理指的是，去融入你要接近的目标所处的族群（或者叫"圈子"），无论是通过改变你的穿衣打扮、语言风格、文化水平，还是通过改变其他特征。作为一名社会工程人员，你更应该去融入目标的族群，而不是反过来。

这名学生的失败经历对我们来说是一个很好的教训，在以后的伪装行动中一定要注意掌握一些与你的伪装身份相关的细节。这名学生想要融入那位女士的族群，只需把他的话改成疑问句即可，比如："费城？我听说那是一个不错的旅游城市，但我从没去过。你最喜欢费城的什么？"让她知道，他在倾听，而且非常感兴趣，想知道更多，而不是在不懂装懂。

把握好这一原则，能帮你在伪装行动中取得巨大成功。当你与目标的初次接触取得成功后，他会为你提供大量的细节，而你很难将它们都记住——这就引出了下一条原则。

4.1.4　原则四：避免短期记忆丢失

我们都有过类似的经历：你第一次跟某人见面，相谈甚欢，可当分别时，你却忘了对方叫什么名字了。这对某些人来说事关行动的成败，因为忘记名字会显得你对对方不感兴趣。

我发现能轻松地记住细节的人少之又少，这正是本节的重要性所在。如果在与人交谈的过程中，你突然抽出一个笔记簿，翻看你要伪装的身份的细节，对方是不会信任你的。而且如果让对方发现你在沟通时偷偷记录相关细节的话，那就更糟了。

我们都听说过这样一个技巧："在你听到一个名字的前 20 秒，你要尽可能多地用到这个名字，这样就能记住它了。"这个技巧的确管用，但在听到一个人的名字之后快速重复这个名字，这可能在实际中行不通。我都能想象第一次见到你的画面，你呼出一口气，然后说："啊，Chris、Chris、Chris……对，Chris……你叫 Chris。那，Chris，咱们刚刚在聊什么来着，Chris？"

呃……真吓人。拜托你千万别在我们见面的时候这么做。

说到这儿，我的确找到了一些更行得通的方式来记住人名。在"18 楼大作战"中，当我进入大楼，直奔电梯时，一名保安拦住了我，她举起一只手说："不好意思，你要去哪儿？"

我停了下来，我知道接下来会是被我写入报告的经典时刻。"哦，抱歉，女士，"我伸出手说，"我是来自（此处为公司名，我不太想透露）总部的 Phil Williams，在这里的 18 楼有一间办公室。"

她看了看她的文件夹板上的一张名单，然后说道："不好意思，Williams 先生，我在今日批准的访客名单里没有看到你的名字。"

“你说的一点也没错，那上面不会有我的名字。抱歉，请恕我失礼。你叫什么名字？”我一边说着，一边看向她的名牌，“Claire，很高兴见到你。”

我稍微停顿了一下，继续说道：“听我说，Claire，我们的一个分公司出事了，因为它违反了一些安全规范。我之所以被派到内布拉斯加州分公司来，是为了确保所有安全规范被有效地遵守。这是一次突击检查，这样才能确保所有调查结果合规。”

“明白。”Claire 说。

“前台安全也属于我的报告范围。很高兴知道了你的名字，这样我就能汇报说你完美地遵守了所有流程。你的名字我已经知道了，那你的姓氏该怎么拼写呢？”说完，我拿出了我的钢笔，低头看着我的文件夹板，并将她的名字记录在上面。

她不假思索地说：“Farclay，F-A-R-C-L-A-Y。”

“好的，Farclay 小姐，你给这次检查开了一个好头，谢谢你。希望这次突击检查也能这样顺利结束。”

紧接着，她做了一件我意料之外的事。“Williams 先生，不如用我的通行证送你到 18 楼吧？这样或许对你的突击检查有所帮助。”她主动提出。

“Claire！等等，我能这么叫你吗？”她点点头，我继续道，“Claire，你是个天才！这个主意太棒了。”

她骄傲地带着她的新朋友（就是我）走向电梯间，用她的通行证打开了门，然后把我送到了 18 楼。我谢过她，并说：“15 分钟后见。”

那么，在那种情况下，对我来说，关键的地方是什么呢？

- 短时间内多叫几次保安的名字。
- 把记录一切作为伪装的一部分。

对我来说，尽管这些技巧屡见奇效，但它们并非总能奏效。因此，你还需要掌握其他方法。我个人会采用以下不同的技巧。

- **名片**。与目标交换名片是全面了解他们的好方法，但不要一开始就这么做——等你们的关系变得融洽，或你要离开时。
- **记录设备**。有时候我记录会面时的音频和视频，以及通话时的音频，以确保我能捕捉到所有细节。这是个很好用的方法，但请确保在录制之前得到了相关许可。
- **搭档**。我发现和别人一起合作是很有帮助的，对方可以在我关注其他事情时，帮我记住细节。

这些主意都有助于确保细节记录的安全性，为接下来的报告提供方便，但对于在交谈的过程中记住细节，没有什么太大的帮助。

以下是一些记忆细节的窍门。

- **练习**。尽可能频繁地练习，记住那些工作范畴之外的细节，包括家庭聚会、办公室会议、销售电话，以及你与他人共处的其他细节。

  挑战一下自己，记住某人的衬衫颜色，某人佩戴的首饰种类，某人的全名，或其他你平时不会关注的细节。

  对我而言，记忆就像肌肉一样，锻炼得越多就越强大。

- **阅读**。我发现花点时间读读实体书（不论是精装书还是平装书）能改善我的记忆。但我不会为此向你推荐特定的书目——你只要读一些非电子版的阅读材料就好了。这个建议背后也没什么科学道理可讲，但我可以告诉你的是，花越多的时间去锻炼大脑，它就能在我需要时“发挥”得越好。同时，我也会花点时间来解数学题，以此提高我记忆细节的能力。

在本节中，我的最后一个窍门是，在你小憩时，请花几分钟记下你的想法。我一般是要么把我的想法写下来，要么用手机中的录音程序把它录下来。

Claire 用通行证把我送到 18 楼的时候，我拿出手机，打开录音功能，将所有我能记得的细节都记录了下来。这能达到两个目的：首先，这有助于我之后的汇报；其次，更重要的是，我发现大声地说出细节能让我记得更牢。

我快速记录的内容如下。

> Claire Farclay，保安，身高约 1.63 米，金发，中等身材，穿白色 T 恤、黑色长裤，左胸处佩戴徽章。安全桌上放着两只狗的照片。使用文件夹板。通过夸奖她遵守安全流程而与其建立起了融洽关系。她用白色的 HID 通行证把我送到了 18 楼，这个通行证被她挂在右侧臀部的可伸缩挂带上。她进入电梯的密码是 4381。

尽管“18 楼大作战”发生在两年以前，我仍对这些细节记忆犹新。这正说明了快速记录的强大之处。

成功伪装的下一个必备技能是**准备工作**。

4.1.5 原则五：为伪装做好准备

请你暂且回想一下我在本章中使用过的伪装：公司的安全检查员。然后请回答以下问题。

- 安全检查员应该穿什么？
- 安全检查员应该携带什么工具或装备？
- 安全检查员还需要掌握哪些专业知识？

这些问题的答案是本节的基础。我们来逐个思考一下，从而了解这条原则是怎么起作用的。

问：安全检查员应该穿什么？

答：我发现他们一般会穿卡其裤或牛仔裤，纽扣衬衫，以及运动鞋或工作靴。非常整洁。

问：安全检查员应该携带什么工具或装备？

答：我在研究中发现，他们会携带照相机、手机、文件夹板、钢笔、记号笔、纸张和清单，有时候还会带一条卷尺（视工作而定）。

问：安全检查员还需要掌握什么专业知识？

答：要想回答这个问题，先要回答其他几个问题。作为一名安全审核员，我是否需要了解灭火器如何使用？我是否需要了解消防门、警报，以及大楼其他部分的运作？还是说，我只要过来一一核对清单上列出的事项就可以？此外，关于我想要进入的公司，我还应该知道些什么？关于我的伪装身份所属的公司，我还应该知道些什么？

有一次我和 Michele 一起潜入一栋大楼，我递给保安一张假名片，然后保安问我住在哪儿，因为他从没听说过我的公司。我没准备过那个问题，于是我指向西方并说："哦，我住在那儿。"

保安回答道："工业区吗？你怎么在那儿找到房子的？"

我知道我快露馅儿了，便说道："哦，我是说穿过工业区。你知道吧，那儿的房子？"

"不好意思，先生，我不是故意的，但是你名片上写的是'自有住房 20 年'，可你却不了解你居住的区域？"保安恭敬地询问道。

这里我的致命错误在于，没有充分了解我的伪装身份所处的区域，以至于无法随机应变地回答问题。

我没有预料到自己会被问到这个问题，所以保安肯定有所察觉了，但我没有再犯同样的错误。从那时起，如果我的名片上显示我在某地居住了一段时间，那么我一定会准备相关的信息以证明它的真实性。

但在通常的情况下，我更喜欢将事情简化，所以我会把我的伪装身份设定为新住户或来自外地，这样即使我不了解所在地的周边信息，我也有回旋的余地。

在“18楼大作战”中我发现，带个文件夹板不仅能让我看起来像那么回事，而且还给了我记录细节的工具。因为我看起来像模像样的，所以Claire就没有理由怀疑我的动机了。

这也就引出了最后一条原则：执行。如果你遵循了前五条原则，最后一条实施起来应该就容易多了。

4.1.6 原则六：执行伪装

伪装的执行比前五条原则的应用重要得多。自你开始执行伪装的那一刻起，你会高度紧张，无法预见的事情随时会发生。而且世事无常，总会有其他人突然卷入其中——也就是说，什么都有可能发生。

下面几点能帮我更轻松地执行伪装：

- 练习
- 伸展和呼吸
- 交流
- 不要使用剧本

最重要的是要记住，即使做好了所有前期准备，仍会有未知因素出现：警觉机敏的职员，过分热情的保安，或你没有预料到的上锁的门……换句话说，你需要做好充分准备，随机应变。

1. 练习

如果我要发邮件，我一定会先发给自己和一些同事，以获取一些反馈。我也会让同事帮忙点击链接或打开文档，确保一切无误。如果我要伪装并潜入大楼，我将练习我的开场白，而且在上车之前就要确保我将所有细节都铭记于心。我还要确保我所有的摄像机以及其他设备或工具都能正常工作。

正如艾克曼博士（第2章介绍过他）的一名学生 Paul Kelly 曾教给我的那样："熟能生巧。"反复练习正确的过程，使之形成肌肉记忆，从而迅速做出反应。

练习能影响伪装的成败。在我的一次工作中，我到了任务地点，从卡车中拿出设备，按下开关后却发现摄像机没电了，最后只能使用手机的摄像功能。我还记得自己走进那栋大楼时，满脑子想的都是我的手机能不能用，能不能持续录像，或者如果我以一种非常显眼的方式举着手机的话，会不会很容易被识破。

2. 伸展和呼吸

虽然听起来很蠢，但我还是会花点时间做做深呼吸和伸展运动。此外，根据紧张程度，我可能还会在执行伪装和发起攻击之前，花点时间摆个能量姿势，帮助我建立一些自信。

3. 交流

作为一名职业社会工程人员，我会确保和委托客户进行适当的沟通。（当然了，如果我进行的是全封闭式黑箱渗透测试的话，我只会在测试结束后告知对方这些信息。）在进行语音钓鱼时我也会如此行事。这在我进行伪装的时候尤为重要。我会确保我的委托方知道攻击时间，这样一旦出现复杂问题，我就可以及时联系到他们。

我曾经在一次行动中露了马脚。其实这么说并不确切，因为客户想让我在成功之后，告诉保安我在进行渗透测试。我反复告知客户，这样做很不好，但他们依然坚持。结果事情的发展就变成了下面这样。

> 我以垃圾压实机维修工的身份成功骗过了保安，并获准在无人监督的情况下接触全部设施。在我准备离开时，我对保安说："先生，我需要在离开之前告诉你，我的名字不是身份证件上的 Paul，我其实叫 Chris，我是一名渗透测试人员，我在测试你们这栋楼的安保和准入制度。"
>
> 我一边说，一边发现保安开始变得愤怒，他将手伸向身边的电击枪："你是谁？你要解雇我吗？"
>
> 我试图让他冷静下来："先生，谁也不会被解雇的。这只是一次测试，能够让我们帮贵公司制订新措施，加强安保规范。"
>
> 但他已经打开对讲机，呼叫了安全主管，并按下按钮打开安防系统，这样我就逃不掉了。
>
> 安全主管来了以后，这个刚刚被我骗了的男人便以一种非常不敬且愤怒

的语气向他说明了情况。我试着插话，保安却厉声道："我不管你是 Paul、Chris 还是随便什么人，现在没人跟你说话。"

我说："我现在要从我的口袋里拿一封信，我想你们应该读一下。"我把"免死金牌"（我喜欢这么叫它）递给他们。这封信是客户公司写的，里面详细说明了我是谁，我在做什么，以及我的行动是经过许可的。此外，信中还列出了一两个人的联系方式，他们能够证实我的说法。

读完这封信后，安全主管说："我怎么知道这封信不是假的呢？对吧，Chris？"

"嗯，这个问题很好。说实话，你不用知道，你只需给其中一个联系人打个电话，一切就真相大白了。"我用最亲切的声音说道。

"我不会给信上的任何人打电话的。我知道，这个号码或许是打给你在外面车里的同伙的。"（我想："哟，这个点子不错，可以用于以后的任务。谢啦，安全主管。"）

他继续说道："我要打给公司里我认识的人。"他拿起电话，拨打了一个分机号，快速说完了整个故事，又问道："你知道这回事儿吗？"

我听见电话那头的声音说："我不知道什么渗透测试。报警吧。"

我被关进了一间储藏室。（不开玩笑。）好在，保安们匆忙之中并没有收走我的手机和我的开锁工具，于是几分钟之后我就逃出了储藏室，也打开了办公室的门，坐在走廊的地板上给签约委托人打电话，让他立刻处理这件事！也幸好我在前一天晚上给他打了电话，确保他参与其中。没过几分钟，事情就得到了解决，我也重获自由，毫发未损。

通过这件事可知，你必须确保自己跟合适的人在合适的时间聊合适的事情。我知道这句话的意思有些模糊，这是因为具体的要求和规则会因工作、任务和客户的不同而不同。有的客户就是会比其他客户要求得更多。但你只要记住，你是一名职业社会工程人员，所以你必须让你的客户满意。

4. 不要使用剧本

这条建议主要针对的是 DISC 图表中的 C 型人，他们想准备大量的细节和每一步的描述。（第 3 章中详述了 DISC 画像和 C 型人的特征。）有了剧本之后，灵活应变的能力会减弱。我可以保证：没有什么事会完全照计划发生。灵活变通才能带给你优势，并提高你的成功率。

4.2 小结

我建议你花点时间回顾一下以上的六条伪装原则，这样你才能更熟练地掌握它们。请记住，每条原则都建立在上一条原则的基础上，在你逐渐成长为一位强大的社会工程人员的过程中，这些原则都会帮到你。

学会高效率地制定目标，有助于你更好地以现实为基础进行伪装，进而将目标的精神状态维持在 α 模式（详见第 1 章中 Langer 博士的研究）。多利用现实元素，能让你更轻松地融入伪装身份，也让目标更容易相信你。以现实为基础进行伪装，能帮你更好地把握需要为此准备的信息的详细程度，从而使细节保持在一个恰当的水准，既不过多也不过少。简单化的伪装身份还能提高你的记忆力，让你不仅能长时间记住你的相关伪装信息，而且还能帮你记住获取到的各种情报（从而在将来也能更容易地回忆起来）。有了这些计划，你可以更轻松地为你的伪装准备服装、工具和技术。如果你已经做到了这一步，执行伪装就不是什么难事了。

请记住，你的伪装可能成就整个任务，也可能毁掉整个任务。假设你和我去那些仓库时，穿了一身时髦的西装还拿了个公文包，你觉得那符合垃圾压实机维修工的身份吗？

这个例子可能有点儿极端，但我希望你能抓住重点。如果你感觉要露马脚了，你就会感到紧张。而紧张会打乱你的节奏，干扰你的记忆，甚至还会导致你无法迅速思考。

得体的伪装能帮你回答我在第 3 章中提到的 4 个问题："你是谁""你想做什么""你会对我有威胁吗"以及"我们的接触会有多久"。但问这些问题还有另外一个目的，它与建立融洽关系有关，而建立融洽关系也正是第 5 章的主题。

第5章 获得他人的好感

> 获得他人的好感是一种进入他人世界的能力，能让人感觉到你理解他，并感受到你们之间有着紧密的联系。
>
> ——托尼·罗宾斯

OilHater是一位对石油工业深恶痛绝的人的网名。他曾受过良好教育，言语得体，在博客和论坛上明确地阐述了水力压裂法给环境带来的恶劣影响，以及地球将如何因此走向毁灭。随着他的帖子越来越受欢迎，“粉丝”越来越多，他在网上的言论也越来越偏激。

说明 为安全起见，本例中的人物采用化名。

这位OilHater在几个月内建立了自己的声望，之后便开始发表威胁性言论。他开始在帖子中探讨如何通过炸毁水力压裂站来阻止它对大自然的恶意破坏，甚至谈到要把得克萨斯州的几处水力压裂站作为破坏目标。

就在全网火热讨论压裂技术的危害性的时候，论坛上出现了一位名叫Paul的人，他是两个孩子的父亲。由于一家大型石油公司开始在他生活的地区进行水力压裂活动，他忧心忡忡，想知道如何保护孩子免受伤害。

论坛上到处都是热心助人的网友，他们告诉Paul应该怎么做，怎么保护他的家人免受水源和土壤污染的危害。Paul不断地在论坛上发帖，问一些外行人的问题。

有一天，OilHater非常专业地回复了Paul的一条消息，甚至还纠正了一些其他论坛成员的错误说法。Paul对于OilHater帮他梳理这些鱼龙混杂的信息非常感激，也很敬佩他的学识，随后便询问OilHater是否在石油行业工作，因为他看起来似乎对这个行业非常了解。

OilHater声称自己只是一名非常关注此事的市民，他花了大量时间研究石油行业所带来的危害。Paul便问OilHater是否能私下向他请教一些问题。在谈话中，Paul告诉OilHater自己来自得克萨斯州，他非常想了解这片地区，想知道这里是否真的像OilHater在之前的回答中所说的那样危险。

OilHater立即插话称自己完全了解那个地区，也知道它有多危险。Paul接着讨教应该怎么做。OilHater似乎越来越愤怒，Paul也跟着愈加愤怒。Paul仍把OilHater当作相关问题的专家，继续向他询问。

当Paul得知自己无法阻止水力压裂作业，也无法拯救自己的孩子的时候，他震怒了。Paul戏谑地说："似乎阻止危害发生的唯一方式就是把压裂站从地表彻底炸飞了，可是很遗憾，我们不能这么做。"

OilHater回答道："别那么肯定哦。"

Paul问OilHater这么说是什么意思，OilHater沉默了。Paul继续在论坛里发帖，表达他是多么地沮丧，并控诉他在得克萨斯州的生活区域已经彻底被石油工业侵蚀了。

大约过了一周后，OilHater给Paul发了一封私信，说他制订了一个计划，可以阻止水力压裂作业，进而拯救Paul的孩子们。Paul激动不已，回复说他也想助一臂之力，但不清楚自己可以做什么。

OilHater告诉他，自己有一个计划，但不清楚Paul是否愿意帮忙，并说："可能会很危险。"

Paul说了些类似"为了救我的孩子，我可能就是需要铤而走险""你的计划是什么"这样的话。

OilHater说："有时候为了成功，我们不得不双手沾腥。你同意吗？"

Paul回复道："我明白。我只是不希望我的孩子最终死于癌症，甚至更糟。而那些恶棍大发横财，根本不在乎我们这些普通人的死活。"

OilHater回复道："你还记不记得你说过，阻止他们的唯一方法是把他们从地球表面炸飞？我们就是要确保他们在一段时间内都不能进行水力压裂作业。"

Paul 说："我现在很兴奋，因为我从没做过像这样的事。但我知道，我的孩子应该过上更好的生活。你觉得我们能做什么呢？"

OilHater 说："你知道市中心的 Peg 餐厅吗？"

Paul 答道："嗯，我经常去。"

OilHater 说："周四晚上七点半，我们在那里碰面可以吗？"

Paul 答道："当然可以。但我怎么知道你是谁呢？"

OilHater 说："你到餐厅之后，坐在最里面角落的卡座，戴一顶棒球帽。我会去找你的。"

Paul 这时候有点不情愿了，他说："不好意思，我总觉得这样有点怪。我能知道你的名字吗？我的全名叫 Paul Wilcox，住在主街 123 号。我只是想知道和我打交道的人是谁而已。"

"当然了，我为我的不坦诚表示歉意，" OilHater 答道，"我只是已经习惯在网上匿名了。我叫 Robert Moore。七点半，我在 Peg 餐厅的那个卡座和你见面。"

然而，在那个周四晚上的七点半，和 Robert 见面的不是 Paul Wilcox，而是一名执法人员。而 Paul 曾信誓旦旦地向 Robert 保证，这个计划不会被泄露。

如果你还不明白的话，让我来告诉你：我就是 Paul Wilcox。这项历时三周半的计划定义了本章的核心：如何与你的目标建立融洽的关系，让他们信任你。在下文中，我将称该计划为"石油行动"。

本章以 Robin Dreeke 在其 2011 年出版的 *It's Not All About "Me": The Top Ten Techniques for Building Quick Rapport with Anyone* 一书中概括的 10 条原则为基础。虽然 Dreeke 这本书只是为了日常交流而写，但我会向你证明，这些原则也能应用于社会工程。

在介绍这 10 条原则之前，我要先说说我在"石油行动"里做的一些事，正是这些事情帮助我和目标建立了融洽的关系。它们虽然基础，但非常重要，如果你不这样做，就很可能会失败。

5.1 族群心理

作为一名社会工程人员，你必须先树立自己是目标族群一分子的形象，然后才能开始构建融洽关系。**族群**（tribe），简单来说就是能识别某个群组的特征——可能是一种穿衣风格、一项集体任务、一种态度或一种共同利益。成员之间的这种共性使他们一起构成了“族群”。要树立你作为族群一分子的形象，你就必须搞清楚需要具备该族群哪些方面的特质。

回想一下高中生活，你可能就很容易理解了。校服就是族群的一个标志。

一条名为“族群心理——旁观者效应”（“The Tribe Mentality - THE BYSTANDER EFFECT”）的视频，展示了成为正确的族群一分子对我们所有人的重要性。在这条视频中，演员们身着非商务服装躺在地铁站呼救。这些地铁站非常繁忙，商务人士来来往往。其中有一段在伦敦拍的视频，演员在地上躺了20多分钟，才有人过来帮助他。

先不要急着谴责那些路过却没有伸出援手的人，试想一下：一个穿着牛仔裤和T恤、披着夹克外套的男人，躺在地铁站中央，捂着肚子呼救。现在请你从一个不知情的路人的角度，尝试回答以下四个问题（即第3章里提到的四个问题）。

这个人是谁？

你不知道。他是不是一个危险的人？或者是骗子？他真的不舒服吗？如果你帮他，你也会不舒服吗？

这个人想做什么？

可能他想要钱。可能你真的想去帮忙，但你开会要迟到了。或者，这个人单纯想让你停下，这样他就能趁机偷走你的钱包或者其他东西了。

这个人会对你有威胁吗？

如果这个人其实很危险，当你蹲下来提供帮助时，他趁机伤害你怎么办？或者，他真的病了，但得的是传染病，该怎么办？

你们的接触会有多久？

这个人没有手捧钱罐乞讨，可能不会占用你太多时间。可万一你不得不把这个人送去医院，因此搭上一整天时间呢？

一般来说，路人很难回答这四个问题，因此在决定是否帮助这个人时，他会犹豫不决。在视频的后半段，情景稍有不同。这一回，同样的演员穿着正装躺在地上，你猜过了多久就有人来帮助他？6秒。那个帮助他的人接受采访时说：“是这样的，他穿了正装，所以我想帮他。”并说：“他肯定很难受，才穿着正装躺在地上。”

在这个情景里，只有演员的服装发生了改变，但这项改变让路人对以下四个问题有了不同的回答。

- **这个人是谁？**

  他是我们之中的一分子，他需要帮助。

- **这个人想做什么？**

  他需要帮助，而我应该对我的职业伙伴伸出援手。

- **这个人会对你有威胁吗？**

  显然不会，因为他衣着得体。

- **你们的接触会有多久？**

  这不重要，因为他是“我们”之中的一分子，而且需要我的帮助。

这身正装在这个地点把演员归入了正确的族群，使他获得了帮助。族群心理的效应就是这么强大。仔细想一下，其实并没有发生什么实质性的改变，能够帮助路人明确其中三个问题的答案——过路人并不知道这个躺在地上的男人是谁，帮助他需要花多长时间，也不知道这个人是否有威胁——他们只知道这个人需要帮助。

在“石油行动”中，我扮演了一名利益相关者，对目标所极度憎恨的产业，我也表现出与日俱增的愤怒与憎恨。我对这个行业了解得越多，表现出来的愤怒和绝望就越强烈。就是这一点把我和 OilHater 归入了同一族群。

“石油行动”和“族群心理”的视频都证实了第 4 章中所提到的伪装的力量。伪装可以很大程度地帮助你混入正确的族群之中。一旦你进入那个族群，就可以利用接下来要介绍的 10 个建立融洽关系的原则，与你的目标畅聊了。

5.2 像社会工程人员一样建立融洽关系

如何定义融洽的关系？当我在课上提出这个问题时，我得到了许多不同的答案。很多学生用了“建立关系”“信任”和“让目标对象感到舒服”一类的描述。我最喜欢的还是我已经用了好几年的定义。这个定义是我结合了几种不同的定义得出的：

> 基于信任和共同利益而建立起的沟通桥梁。

“建立桥梁”是我一直都很喜欢的意象，本章探讨的建立融洽关系的 10 个原则就能实现这一点。在你跨过那道“桥”进入目标族群时，这些原则可以让你的交谈对象感到舒服。在讲述这 10 个原则的背后故事之前，你先要了解信任为何如此强大。

5.2.1　道德分子

在《社会工程播客》的第 44 集中，我有幸请到了 Paul Zak 博士作为我的嘉宾。正如我在第 1 章中所说，Zak 写了一本优秀的作品 *The Moral Molecule: How Trust Works*。在书中，Zak 博士写到了他对催产素的研究。多年来，催产素一直被研究人员所忽视，但 Zak 博士决心弄清楚催产素是如何被释放到血液中的，以及会产生什么反应。

Zak 博士发现，催产素被释放到血液中的原因有很多，并且这些原因都与信任以及信任所产生的情绪有关。他在播客上提到了一件有趣的事，当时他遇到了一场叫作"放鸽子"（Pigeon Drop）的经典骗局。Zak 博士年轻时在一家加油站工作。一天，有一位顾客进来说他在卫生间里捡到了一盒珠宝。正当这个"拾金不昧的好市民"把盒子转交给 Zak，让 Zak 将它放在加油站的失物招领处时，电话响了。打电话的是一个正在寻找一盒珠宝的着急的男人。得知自己的珠宝被找到了，他欣喜若狂，并提出要给那个上交珠宝的诚实的人 200 美元作为奖励。

然而，上交珠宝的男人等不及了，因为他急着去参加一场面试。于是，"失主"提出了一个看起来非常完美的解决方案：Zak 只需从加油站的收银机里取出 100 美元给那个发现珠宝的男人，当奖金送来时，他自己可以留 100 美元，再把另外的 100 美元放回收银机。这个来电话的大骗子通过让 Zak 相信两件事——"珠宝"奖金的分享资格，以及让他人高兴的责任——让 Zak 感觉到自己是族群的一分子。他被这两个人的一唱一和给骗了。

直到 Zak 博士开始为他的这本书做研究时，他才意识到骗子的所作所为。当来电话的人让 Zak 认为自己是某个值得信赖的特殊团体的一分子时，Zak 的大脑释放了催产素，这让他的大脑对来电话的人产生了积极的感觉。因此，当来电话的人要求 Zak 从收银机中拿出 100 美元给那个发现珠宝的男人时，他欣然同意了。

信任的力量能让人违背本能，做出原本不会做的事。

使用本章所提到的 10 个建立融洽关系的原则时，你和你的目标的大脑就会释放催产素，这会让目标对你产生信任。让我感到惊奇的是，Zak 博士的研究指出，当对方再次想起或面对当初催产素被释放的诱因（如果你曾成功地与目标建立起了融洽关系的话，这里指的就是你）时，那种信任的感觉还会恢复。

另一种重要的化学物质是一种叫作多巴胺的神经递质。正如 René Riedl 和 Andrija Javor 在文章"The Biology of Trust: Integrating Evidence from Genetics, Endocrinology, and Functional Brain Imaging”中所说的，多巴胺是与大脑如何奖励我们有关的主要神经递质。文章还指出，多巴胺和催产素的结合对构造社交环境至关重要。本质上，多巴胺和催产素有助于建立信任和强化积极的社交互动。

明白多巴胺和催产素的重要性了吗？如果你学会了正确地使用融洽关系和信任，就能在你与你的目标之间建起一座桥梁。建立这种关系能让你的目标感到开心（更因为遇到你而开心）。当然，这有助于使你们的关系更加紧密。

5.2.2 建立融洽关系的 10 个原则

录制《社会工程播客》的第 20 集时，我正在外培训。我在酒店里做好了录制的准备，但我邀请的嘉宾却在最后关头失约了，这会破坏我每月第二个周一准时放送的纪录。我当时在想：哪位曾经参加过节目的重量级嘉宾能重返节目，在这最后关头解此燃眉之急呢？

我赶快给我的好朋友 Robin Dreeke 发了封邮件，跟他说了我的窘境，问他能否帮我一把。他很快回复：“当然了，你想要谈什么主题？”

我不假思索地说道：“与任何人快速建立融洽关系的最佳技巧。”

他说：“给我一个小时，我要写一下我的想法。”

一小时后，我们便开始了节目的录制。这一集播客不仅成了传奇，还促成了 Robin 的第一本书。以下是 Robin 在播客中提到，后来又写在书里的 10 个原则：

- 使用人为的时间限制；
- 适应非语言表达；
- 放慢语速；
- 营造同情或援助的氛围；
- 暂时放下自我；
- 认可他人；
- 问对方“怎么做”“为什么”“什么时候做”；
- 利用交换物；
- 使用互利主义；
- 管理期望。

Robin 在书中详细讲解了每一个原则，而我将从职业社会工程人员的角度讲解它们，并在恰当的时候将其与“石油行动”相结合。

1. 使用人为的时间限制

时间限制就是当你与其他人以任何形式接触时，在时间上的约束。加入人为一词仅表示是你在施加那种限制——事实上，根本没有什么时间限制。为什么这对作为社会工程人员的你如此重要呢？想想你要对目标回答的第四个问题吧：我们的接触会有多久？

一个人为的时间限制就可以回答这个问题。你的时间限制可以完全虚构、完全虚假，但必须可信。在规定时间限制时，你需要考虑以下几点。

- 如果时间限制太短或太假，预期效果将无法实现。举个常见的例子：“我能耽误你几秒钟吗？”任何听到这句话的人都知道你所说的“几秒钟”肯定不止几秒钟，所以你的请求就会丧失有效性。
- 另外，你要根据伪装的身份选择合理的时间限制。比如，如果你要和一个在杂货店排队的人聊天，就有一个天然的时间约束：当你排完队。你不需要绞尽脑汁地去构造时间限制，你只需要在**现有的时间限制内**做你该做的就好了。

在“石油行动”期间，我就把论坛上的私信限制作为了一种时间限制。如果我在私信中夹杂大量带有“私人情感”的抨击，我的目标就不得不在我们建立起关系之前耐心读完一切。我把信息写得简要切题且富有感染力，就可以限制目标的阅读时间，以便其尽快回复我。这样，在我们建立关系之前，OilHater 就不会因为过度投入而压力过大。我们的交流越私密，投入的精力越多，信息就越长。

2. 适应非语言表达

这个原则很容易理解，但不加练习的话很难实践。适应非语言表达的意思是，你的非语言表达要与你的伪装相吻合。

假设你和孩子正在逛一家你最爱的百货商店。在你购物时，一个看起来有些焦急的人走向你，说：“我要去参加我侄子的聚会，但我快迟到了，也忘记买礼物了。他和你的儿子差不多大，你能告诉我这个年龄的孩子都喜欢什么吗？”

设想这个场景时，请回答一个问题：这个接近你的人应该面向哪里？请你先不要考虑这是否包含社会工程。

这个人是否应该直接面向你的孩子呢？不，这太吓人了。一个面向你的孩子的人可能会触发你的各种非语言雷达警报，让你产生防御心理。

那他是否应该面向你呢？这样虽然不那么吓人了，但这就与之前所说的此人的情况不太相符了，因为这看起来富有侵略性。

如果这个人面向的是店内的商品或店门，这就说得通了，因为他很着急。这样，肢体语言与所说的话就相符了。

当肢体语言与所说的话相符时，目标自己就可以回答第三个问题——你会对我有威胁吗？——融洽关系就能正确地建立起来了。

这就是我说这个原则很难实践的原因：如果你跟我或大多数人一样，那么你就会因为紧张而浑身紧绷，肌肉也会因此变得僵硬。如果你的伪装不该有紧绷或压力的表现，那么你的非语言表达就与你的伪装不符。（第 8 章更详细地探讨了非语言表达。）

本质上讲，你很难在维持伪装身份合理性的同时，与你的情绪作斗争——至少我们这些不具备反社会人格的人做不到。而这本书是写给没有反社会人格的职业社会工程新手看的，所以控制你们的非语言细节可能并非易事。

有趣的事实

据萨克拉门托县心理健康治疗中心的心理学家 Michael Tompkins 博士说，具有反社会人格的人其实是有良心的，但是很弱。具备反社会人格的人能轻松地将自己的错误行为合理化，只要这种行为对自己有利。同时，他们缺乏同理心，而同理心正是人际交往的重要基础之一。

我不建议你提前写好见面时会用到的非语言表达，但我建议你至少要了解清楚，你的伪装身份做出怎样的非语言表达才是合理的，然后提前将其铭记在心。

别扭的非语言表达会导致你的喉头肌肉紧绷，从而影响你的声音质量，增加声音负担。如果你的非语言表达很别扭或者你很紧张，这很容易就会反映到你的声音中，使你无法建立起融洽关系。

而在“石油行动”中，我就不需要担心这条原则。

3. 放慢语速

如果你用很快的语速谈论你不熟悉或感到别扭的话题，会发生什么呢？你可能会结巴或出现口误。此外，你可能会滥用**口头语**，就是像“嗯”“比如”之类的表达，以及其他简短的填充词。这会让听你说话的人觉得你知识储备不足，而且缺乏自信。

反过来，如果你语速过慢，听你说话的人同样会觉得你知识匮乏，或是态度傲慢。因此，你必须在语速过快和过慢之间找到平衡。

如何找到与人谈话的合适语速呢？有一个简单的 R.S.V.P.法则：

- R——节奏（rhythm）
- S——语速（speed）
- V——音量（volume）
- P——音调（pitch）

试着倾听并与对方保持一致。对方的R.S.V.P.会告诉你如何交流更好。

警告 注意对方的 R.S.V.P.，并不是去模仿对方的口音。不管你自认为有多擅长模仿口音，只要你没有一个随叫随到的方言教练帮你把握细微的差异，就最好不要去尝试。蹩脚的口音一旦露马脚，就会破坏你们的融洽关系，而且也显得非常无礼。不过，你可以尝试用一些让你听起来更像本地人的俚语。例如，地铁在美国叫“subway”，在英国则叫“tube”。我们称特大号三明治为“hoagie”，而波士顿的人称其为“grinder”。在使用R.S.V.P.选择最恰当语速的同时，学习些俚语可以让你快速跟对方打成一片。

这是社会工程人员应当谨记的另一个原则，它与最后一个原则非常契合。你不仅要关注目标的 R.S.V.P.，还要确保它与你的伪装相符。如果你要伪装成即将参加面试的应聘者，就要在语气中显得倍感压力。如果你的语气非常冷静而且自信过度的话，这就与你的伪装不相符了。

4. 营造同情或援助的氛围

有一项名为“Mirror Neuron and Theory of Mind Mechanisms Involved in Face-to-Face Interactions: A Functional Magnetic Resonance Imaging Approach to Empathy”的非常有趣的研究。该研究是由研究员 Martin Schulte-Ruther、Hans J. Markowitsch、Gereon R. Fink 和 Martina Piefk 共同进行的。研究探讨了基于共情的求助对人类产生的影响。研究指出，仅仅是看到某个提出情感需求的人时，就能激活大脑中与情感痛苦体验直接相关的区域。

换句话说，如果同情或求助得到了恰当的处理，那么被求助者就会跟这次求助产生强烈的情感联系。这种联系会让被求助者无法拒绝提供帮助。

销售人员熟知这一点，所以他们会在许多广告宣传中播放图片和背景音乐。这些图片或背景音乐会在销售商们提出请求时，激发你的某些情感。令人惊讶的是，即使你没有与目标面对面，这种做法也依然管用。虽然面部表情更能激发这种关联，但并非激发这种关联的必要条件。声音或生动的描述也能够让目标想象出场景，产生共情响应。

这个原则对社会工程人员来说非常有效。

在应用所有原则，尤其是本条原则时，请注意：你所请求的帮助，要与你们关系的融洽程度相匹配。如果一个初次谋面的人和你的此生挚友都想让你抽出一天时间帮他们搬家，你会先满足谁？大概还是先选择帮助你那位此生挚友吧，因为你们之间的融洽关系让你决定投入时间和精力去帮他。如果一个与你关系一般的人让你帮他一个很私人或者太麻烦的忙，这将对建立融洽关系产生反作用，并且让你起疑。

以“石油行动”为例。起初，我要获得同情和帮助，只需要进入论坛和请人帮我解答水力压裂的问题，因为我担心我的孩子们。这个请求并不针对我的目标，而是广泛地寻求帮助。

在 OilHater 证明自己是这个话题下“学识最渊博的”信息源之后，我就开始直接向他请求帮助了。聊得越多，我们之间的关系就越紧密，我的需求也变得更为具体和私人化。最终，我可以应用本原则派生出的一条非常强大的原则——“逆向社会工程”（reverse social engineering）。换句话说，我并没有应用任何社会工程原则来获得认可，可是我和 OilHater 建立的融洽关系几乎能迫使他持续地信任我，并给我提供更多细节。

Zak 博士称，当目标感到你可以信任时，催产素（信任分子）的分泌是最旺盛的。正是这种信任创造了联系。它非常强大，也是你准备向目标提出要求时需要具备的重要因素。我在“石油行动”中就成功应用了这一原则。当 OilHater 足够信任我，并开始向我寻求帮助时，当他对我的信任强到足以使他来找我分享他的想法时，我们的“友谊”已经坚如磐石。为了将问题与潜在的威胁搞清楚，我不断地向 OilHater 寻求更多的帮助，随后又在他需要帮助的时候伸出了援手。如此一来，我就和他就建立起了非常牢固的关系。

5. 暂时放下自我

这是一条非常强大的原则，掌握它以后，你将所向披靡。不过掌握它并非易事。

为了讲清楚精通这条原则为何如此困难，我先定义一下“放下自我”（ego suspension）这一概念。从字面上讲，真正的放下自我就是放弃你的自我——你必须优先、必须正确，或必须让别人觉得聪明等——以及你的是非观。放下自我，为了另一个人而将一切暂时放下，这是很难装出来的。

为什么这条原则这么强大，却又这般难以做到呢？通常，人们在自己必须承认不了解某事的时候会感到脆弱。而脆弱的人往往是什么形象呢？在媒体、电影、音乐及其他娱乐形式中，温顺谦恭的人往往被视为受害者。在我看来，这些固有观念让人很难暂时放下自我，因为没人愿意被视为弱者。

为什么假装暂时放下自我如此困难？我给你举个例子。当你在杂货店排队时，听到了这样一段对话。其中一个人说："我听到一个非常可靠的消息，如果想治好自己所有的过敏，只需要用牛奶、蜂蜜和泉水的混合物，一天洗三次脸。"

很多人应该都知道，这种言论毫无科学依据。你在听到这种言论的时候会作何反应呢？如果你想的是"这是我听过的最愚蠢的东西之一"或"这些人应该清醒一点"的话，你就没有做到暂时放下自我。暂时放下自我意味着，听到他人对某件事的想法时，你的反应应该是这样的：这是他们的看法，他们有权这么想，所以我试着去理解吧。

若要暂时放下自我，你就需要把他人的想法、言论和意见视作他人的权利——不管你是否认同。你还要拥有在不引人厌恶的前提下表示不赞同的能力。

在"石油行动"中，我假装对水力压裂和石油行业一无所知（虽然我也不用怎么装），这样我能够使用放下自我的原则。而且，我从不质疑 OilHater 所说的水力压裂行业可怕、危险、致命的说法。我放下了自我，让 OilHater 成了"主宰"。当社会工程人员放下自我并任由目标自我膨胀时，对于建立融洽关系是最有利的。

要成功应用这一原则还有一点特别重要，就是要对话题有一定的了解，并能够提出优质问题。有限度的了解加上优质的问题，就能让目标保持主导地位，并让社会工程人员放下自我。在"石油行动"中，我就运用了这条原则的这一点。我通过不断地向 OilHater 请教来获取更多的信息，并请他帮助我不断地深化理解我那有限的知识。这使得他不断地自我膨胀，而我同时也放下了自我。

来自总统的例子

有一个很好的放下自我的真实事例，来自美国前总统罗纳德·里根。在他第二次竞选总统期间，许多大型新闻机构质疑他再任美国总统的能力，说他"太老了"。

里根本可以辩论、反驳，或者用合理的推断来证明这些批评是站不住脚的。但是，反驳一个有争议的论点往往只会火上浇油。你越反驳，似乎就越表明反对者是正确的——至少他们心里是这样认为的。于是，里根决定先对自己的年龄进行自嘲。他常常在演讲和新闻发布会上这样说："我还记得在我召开重大事件发布会时，记者都跑来对我大叫：'老家伙，别再糊弄人啦！'"

媒体想抗议里根年事已高，无法再任总统。但是，里根已经提过这一话题了，媒体如果再提就显得很蠢。这样一来，里根就控制住了局势。面对媒体，里根并没有沮丧，而是暂时放下了自我，用幽默避免了争论。

6. 认可他人

这一原则与暂时放下自我密切相关。简单来说，认可就是同意、赞美或认同他人的说法、决定或选择。当对方感到被认可时，他们的大脑会释放多巴胺和催产素，这有助于你获得信任和建立融洽关系。

还记得我讲的“营造同情或援助的氛围”吗？我在那里提到的规则对于认可他人极其重要：认可的水平**必须**与你建立的融洽关系的水平相匹配。

为了强调这一点，我要讲一个惨痛的经历。在我（作为职业社会工程人员）的伪装技术还不怎么熟练时，我接到了一项任务：潜入一栋大楼并观察其前台和保安。我发现前台摆放了许多她的孩子的照片，照片没有朝内摆放，而是向外摆着。这意味着，她为她的家庭感到骄傲，并且希望别人也分享她的幸福。照片中展示了他们一起度过的各种假期，每一个人看起来都非常快乐。

我绞尽脑汁思索与这个人建立融洽关系的最佳方式，但最终从我嘴里说出来的话糟糕透了。我低头看着一张照片，指着它说：“哇，你的女儿真美……”我的声音随即渐渐低下去，因为我发现她的两个女儿可能分别有 12 岁和 15 岁。我窘迫不已，而她也毫不掩饰自己的情绪。

她坐回她的椅子，脸上的表情由惊恐转为愤怒。她看着我说：“谢谢。”她的语气与其说是礼貌，不如说是严厉，并问我：“你是谁，你想干什么？”

我想这时我的脸上肯定挂着惊恐与厌恶的表情。我说：“啊，我有东西忘在车里了，我马上就回来。”但我再也没回来——我不得不择日派其他团队成员过来完成这次测试。

除了踩了一个大雷之外，我们的关系完全没有达到足以用那种方式称赞她的孩子的程度。恰当的认可应该是这样的：“哇，这假期看起来真不错。你们这是去的哪里？”或者说：“这照片真漂亮。我就从来没有给我的孩子拍到过这样的精彩瞬间。”

换句话说，当你和目标第一次交谈时，你们的融洽关系水平几乎为零。因此，你的认可不能太过私人化。

专业提示 无论是通过送礼物还是口头表达来赞许他人，请确保你足够了解你与目标之间的文化障碍。如果你用不恰当的方式跨越了文化界限，就会破坏你们之间的融洽关系。与此同时，你还要理解对你的目标而言重要的东西是什么，从而以恰当的方式认可对方。

还记得我说过的吗？认可与放下自我相结合时将非常强大。这是因为，当你放下自我、允许他人自我膨胀时，对方就会感到自己被认可。这种认可的感觉能建立起融洽关系。当对方觉得自己被认可时，他们的大脑会再次释放出令人愉悦的化学物质（多巴胺和催产素）——这都是你所推动的成果。

在“石油行动”中，我通过以下方式让对方不断得到认可：

- 暂时放下我的自我；
- 认可目标；
- 赞赏他的学识；
- 听取他的建议，并请求解释；
- 接受对方“解决”问题的想法。

通过恰当的方式，我对 OilHater 认可的次数越多，我们之间的融洽关系就越紧密。

7. 问对方“怎么做”“为什么”“什么时候做”

为什么“怎么做”“为什么”“什么时候做”这类问题是建立融洽关系的有效途径呢？因为回答这些问题肯定不是简单的一句“是的”或者“不是”就结束了。

单单这一条就能让你明白认可的重要性。请记住，认可他人指的是你向他人寻求建议并听取他们的回答。

警告　提出开放式问题后，一定要注意**倾听**对方的回答。当对方给你提供建议时，没有什么比表现出很无聊或者根本没注意更能毁掉你的认可了。这意味着在他们讲话的时候，你根本没有思考你要说什么。

开放式问题有助于维持交谈。如果你能在提出问题后稍作停顿并主动倾听，对方往往就会得到鼓励，并继续讲下去。

但要注意，不要不停地问“为什么”。如果你这么做，会让别人觉得你是个不停问问题的三岁小孩。虽然小朋友很可爱，但三岁可不是建立起融洽关系的最佳年龄。

我在“石油行动”中频繁地问对方“怎么做”“为什么”“什么时候做”，比如“为什么水力压裂对环境有这么坏的影响”或“我们怎样才能真正阻止他们破坏我的家园”。

诸如此类的问题让 OilHater 对我知无不言，言无不尽，把他有关这些话题的所有知识都对我倾囊相授。在网上主动倾听比面对面交流要容易得多，因为你可以在回复之前多次阅读对方的留言，反复消化其中的信息。即便是通过网络交流，你也必须学会主动倾听。比如，我的好朋友 Jim Manley 给我发过一封长达八段的邮件，详述了某个问题或情况，而我只读了一两句就向他提了一个问题。他气疯了。他总是这么回复我："给我读完全文，老兄!!"（没错，我把他的回答通读了一遍。）如果你也有我这样的毛病，就必须练习主动倾听——即使是在书面交流中也要如此。

在"石油行动"中，我通过主动倾听配合开放式问题，让目标一直有话可讲。

8. 利用交换物

交换物（quid pro quo）的解读是"以物易物"。请你这样想一下：你是否有过"买家懊悔"的经历？你买了某样东西非常兴奋，当你回家打开包裹时，却又开始想："我居然为了这东西花了那么多钱？"

之所以产生这种懊悔的心情，是因为你觉得买到的东西并不值这么多钱。社会工程人员可能犯的最严重的错误之一就是，让目标感觉到了这种"买家懊悔"。在社会工程术语中，"买家懊悔"指的是目标在你的任务结束后心想："天哪，我今天聊得真开心，是和……呃，他叫什么来着？是哪里人？等等，我把我的全名和出生日期都告诉他了，还给他看了我孩子的照片，甚至还给他看了我的驾驶证，可我甚至不知道他叫什么!"

这种心理活动会给目标造成恐慌和焦虑，因为他们觉得，你给他们的信息与他们给你的信息并不对等。先别激动！我说的是"觉得不对等"，而非"真的不对等"。这两者是有很大差别的。

在一次任务中，我进入了一家商店并接近目标，他正跟他年幼的儿子在一起。我面朝着店里的货架，向他开口道："打扰一下，我赶着参加一个聚会，真的快迟到了。我老婆不会饶了我的，因为我本该给我侄子买礼物来着，他看起来年纪就和你儿子一样。这个年纪的孩子最近都喜欢什么？"

在这段开场白中，我给目标提供了以下信息作为交换。

- 我已婚。
- 我有个侄子，因此我有一个有孩子的兄弟或姐妹。
- 我要迟到了。
- 我要去一个聚会。
- 我对小孩一无所知。

我仅用了短短的一两句话，就给目标提供了这么多信息，所以当我们结束对话时，虽然我掌握了足够多的他的信息，但他绝不会有“买家懊悔”之感，因为他也“了解”我。

专业提示　你给出的信息不一定要是真的（包括姓名、有几个孩子等），但请记住，你给出的假细节越多，你就越需要记住它们来保持前后一致。因此，请使用K.I.S.S.（即Keep It Simple Social Engineer的缩写，保持社会工程的简单性）原则来确保行动成功。

在“石油行动”中，我用过几次“交换物”原则，其中明显的一次，就是OilHater约我在Peg餐厅面谈的那一次。为了建立信任，我先把我的全名和地址告诉了他，因为我希望他给我以回馈。他的确这么做了，这让我成功阻止了一次潜在的暴力行动。

9. 使用互利主义

我来简单地描述一下这条原则。往复锯的工作原理是通过锯条的双向反复运动来工作，而这条原则也是通过类似的原理来建立融洽关系的。你提供一些对目标来说重要的东西，以此来表现出利他主义，目标也会给你提供一些东西作为回报。

如果你给一个走向通道入口的人开门，而通过这条通道需要穿过两扇门，对方往往会怎么做？他会为你打开第二扇门。这就是互利主义。那么，你该如何将其应用到社会工程中呢？如果你给某人提供了有价值的东西，对方会觉得有所亏欠，并且想要还你这份人情。**这就引出一个非常重要的问题**：礼物的价值由谁来确定？

礼物的价值是由收到礼物的人确定的。你可以通过OSINT、观察来寻找目标觉得重要的东西，但无论你使用什么方法，都不要以为自己看重的东西，目标也会同样看重。反过来说，如果你找到了目标真正看重的东西，那么他们的感激之情就足以强烈到让他们忽略很多安全协议。

有一次，进入一栋大楼后，我开始接近门卫，却发现她看上去似乎刚刚哭过。于是我暂时关闭了社会工程模式，对她说：“你还好吗？”

我是真的很担心她，她也能看出来。于是她回答道：“我今早来上班的时候，戴着我丈夫送我的耳环，那是他送我的结婚10周年纪念礼物。他为了买它，攒了两年的钱，可我刚刚却弄丢了一只。”接着她又泪如雨下。

我说：“没准在地上呢。”然后我就趴在地上开始寻找。她也趴了下来，说：“我已经找过了，但不妨再找找。”

阳光照进窗户，我看到了她肩上的一点亮光。我说：“地上可能真没有，不过我看见有个东西在你肩膀后面，闪闪发光的，我能看一下吗？”

她向我俯了下身，我便从她的毛衣上捏起一只美丽的钻石耳环，递给了她。她破涕为笑，紧接着拥抱了我，并一再向我表示感谢，甚至都让我觉得有点儿不好意思了。

她接着说：“让你在这里耽搁了这么久，实在是太不好意思了。我能帮你做些什么吗？”

此时，我决定回到社会工程模式了，因为我意识到，此时我提出的任何要求几乎都会被满足。“刚才看你心情不好，所以我没敢说出口。我跟人力资源部经理有个会面，我快迟到了，所以我得赶紧过去。”我站起来，拿起我的包和文件夹，走向了锁着的门。我当时看起来是要径直通过那道门，而当我接近时，我就听到了门禁打开的嗡嗡声。

我无意中送给门卫的礼物（找到了她珍贵的结婚 10 周年纪念耳环）对她来说，显然要比安全协议重要得多。她当然不会为了这种愚蠢的东西而阻拦我去参加重要的会面，并因此引发不必要的尴尬。

在“石油行动”中，我用到过几次互利主义原则。首先，我倾听并认可了 OilHater 的知识。其次，为了处理问题，我愿意牺牲一些我自己的时间与他见面。这两者都能建立起信任和融洽关系，从而让 OilHater 做出了**并非**对他最有利的决定。

10. 管理期望

通过使用这些原则，你会发现：一些你之前从未想过会对你敞开的门，居然向你敞开了。你就像一位读心者，或一位绝地武士。当你开启一段对话时，在不经意间，对方就把自己的生活向你交了底。这里的挑战是，**不要**在你的日常生活中经常使用这些原则——你必须学会“收敛”，不要一直“在线”。另一个挑战是，你会接收来自他人的大量信息——这可能会让人难以承受。

当你处于半投入状态时，是使用这一原则的最佳时间。认可、信任和融洽关系会让你的目标体内释放多巴胺和催产素，而你的体内也会产生同样的变化。当你感觉不错时，体内就会释放出同样的化学物质，让你飘飘然，也会让你冒不必要的险。如果你过于冒进，就会对你们的关系造成难以挽回的破坏。

反过来，如果事情没有向你期望的方向发展，同样也要管理你的期望。要谨记：“让他们因为认识你而感觉更好。”如果你发现你的努力不利于融洽关系的建立，甚至可能引发负面情绪，那么你最好找个借口离开，换个对象继续。作为一名严肃的专业人士，因为把胜负看得比客户的良好体验还重要，从而声誉尽毁，这也是你不愿看到的吧？

因为这些原则都出奇地有效，所以当你以非职业社会工程人员的身份在日常生活中应用这些原则时，会面临一个新的挑战。这个挑战就是，不要把他人当作自己的工具来利用。在非渗透测试的情况下应用这些原则时，必须经常调整你的交流方式。这属于管理期望的一部分。

在“石油行动”中，我不得不控制我的期望，因为过了将近两个星期，OilHater才开始在论坛里回复我。在这之后，他又沉寂了一段时间，这让我不得不思考“Paul”应该怎么应对此事。虽然我希望OilHater继续和我交流，但我也拿不准他是不再回来了呢，还是只消失一两天。控制我的期望和保持耐心让我最终取得了成功。

5.3　融洽关系的机器

关于这些技巧，我最常被问到的一个问题是，如何在还没有成为社会工程人员的时候（也就是还在培训中）就开始练习它们，从而在成为职业社会工程人员之后能够自然而然地开始使用它们。因此，本节将针对如何练习和熟练使用这10条原则为你提供一些小窍门。

5.3.1　在日常生活中练习

你不用等到正式工作以后才开始练习。你可以先选一个原则（比如“认可他人”），然后在你的下一次家庭聚会中尝试。你可以观察一个许久未见的表亲，试着真诚地赞美他，再问问他的近况，并积极地聆听回答。看看他回答的意愿如何吧。

然后，在下次聚会或工作中练习另一个原则，比如“适应非语言表达”，然后根据你面对他们时的表现，观察他们对你做出的不同反应。久而久之，你就会开始明白哪些原则奏效，而哪些原则无效，并能下意识地使用这些原则了。

5.3.2　阅读

很多书中谈到了融洽关系的建立（比如Robin Dreeke的书）。你可以找一份比较全面并且权威的书单，通过阅读巩固已掌握的原则，从而在你需要时更轻松地调用它们。

5.3.3　特别留意失败的经历

当事与愿违，或者某次交流失败时，不要试着去掩盖和遗忘这次经历。要特别留意一下究竟发生了什么，以及为什么会这样。

我从失败中学到的东西比从成功的经历中学到的更多。因此，我经历过失败后获得的成功更有意义。从失败中学习并特别留意这些经历，能让我更好地教授这些技能，也让我成为一名更好的职业社会工程人员。

5.4 小结

本章带你学习了如何识别、运用与任何人建立融洽关系的能力，并且教你如何从中受益。当你与他人交流时，这些技巧是非常强大的，并且对于你成为职业社会工程人员至关重要。

无论执行什么任务，都需要通过这些技巧来获取最大收益。但是，我最后要指出的是，学会如何在不破坏融洽关系的前提下退出关系，与学会如何建立融洽关系同等重要。

我发现，对我的学生而言，退出是在实践中运用原则时最难掌控的技巧之一，因为退出会让人感觉不悦。你的目标把他们的人生故事向你和盘托出，告诉你了你想知道的一切（甚至还有一些你不想知道的事情），你这个时候离开，不大合适吧？

不，不是的。你应该学会如何退出。如果你遵循了上述 10 条原则，那么退出就是小菜一碟。我给你举几个例子。

如果我利用“人为的时间限制”，我可以看看表，对对方说：“哦，我的天！时间过得真快，您太有魅力了，都让我忘记了时间[**认可他人**]。真的很抱歉，但我现在必须离开了[**暂时放下自我**]。”

如果你利用了交换物原则和认可原则来建立融洽关系，你可以这样说：“和你聊天真是太有趣了[**更强的认可**]，我都忘了要在回家路上给我妻子（或丈夫）买点沙拉食材了。我得先走了[**通过向目标提供今晚要吃沙拉以及有配偶的“私人”信息，提供交换物**]！”

我发现，提前设计好一些符合我伪装身份的退出策略会很有帮助。这样我就能在不破坏任何我已经建立起的融洽关系的同时，以一种有效而不突兀的方式摆脱当下的情景了。

警告　如果你在一个密闭环境里（例如飞机、火车，或其他公共交通工具上）运用这些建立融洽关系的技巧，请注意，在这类情况下，你几乎没有退出策略。举个例子，如果我要在飞机上运用这些原则，我通常会准备好一个假的时间限制，像这样："我要小睡一会儿了，这样飞机落地后我才能继续工作，不过我想先问一下，您是哪里人呀？"我在向对方传达"我不想和他聊太长时间"的信息。不过，在经历了多次失败、陷入过和对方聊了3小时（甚至在一次旅途中聊了9小时！）的窘境之后，我现在会直接戴上耳机，不和对方进行任何眼神交流。

融洽的关系是人与人之间的纽带。当你与越来越多的人建立关系时，也渐渐能够选择让对方因为认识你而感到更好或更糟。在每一次选择如何使用这些技巧的时候，你都拥有了影响你的谈话对象的能力，而这正是第6章的主题。

第6章
对他人施加影响

我影响他人的秘诀在于掩饰自我。

——萨尔瓦多·达利

本章将探讨影响和操控两个主题。首先，我们来集中探讨一下影响。你如何定义影响呢？

我给它的定义是“让他人**愿意**按照你的意愿行事”。这句话的意思是，对方愿意去做你想让他们做的事，或者至少会以某种方式记住你想让他们做的事。这是因为，当一个人把这个想法当作他自己的意愿，并且觉得这个想法很棒时，他才愿意为之全力以赴。

Robert Cialdini 博士是该领域迄今最优秀的专家之一。他花费了数十年来研究、撰写和完善有关如何影响他人的艺术。在《社会工程播客》的第 86 集中，我有幸请到了 Bob（他让我这样称呼他）来参加这档节目。那是我进行过的最精彩有趣的谈话之一，我也从中学到了很多。

Bob 曾经写过一本《影响力》，让我受用至今。书中探讨了有关影响的六条原则，定义清晰、方便教学、有理有据。根据我的实践，我将 Bob 的六条原则分解成了八条。

在本章中，我首先根据 Cialdini 博士等权威人士的研究成果，定义了这八条原则。然后我根据定义，将这些原则与社会工程联系起来。

讨论完所有原则之后，紧接着会讨论框架，因为这二者是紧密关联的。简单来说，框架就是你的信仰、观点和想法的立足点。在本章的后半部分，我将讲述如何改变目标的框架，还会讲到影响的更黑暗、阴险的近亲——操控。最后我会做一个总结，并分享一些窍门，以帮你掌握这项了不起的技能。

技 能 课

在我的职业生涯中，我曾经凭借我的技能追踪、诱捕和阻止那些伤害孩子的人。有一个案例能很好地说明什么是本章导言所说的影响。

我们称这次行动为“操控汽车租赁大作战”。我们需要查清某个参与拐卖儿童的人的居住地址。虽然当局已经通过其他手段查清了他的犯罪事实，但他的行踪飘忽不定，我们无法知道他住在哪里。我们只知道他租了一辆车，正准备乘机去某个城市。因此，我们的目标是找到他的租车公司，并试着影响工作人员，让其给出此人的现居地址。

我假装自己是镇上一家比萨店的老板，声称目标把他的 iPad 落在了店里，我想还给他，但是 iPad 被锁住了。我知道索要地址是件很困难的事情，所以我打算向对方免费提供食物，以便对方有意愿帮我找到此人。

我们花了一些工夫，最终找到了确认曾租车给此人的租车公司。我与租车公司工作人员的部分对话摘录如下。

说明 安全起见，以下对话使用化名。

我： 你好，我现在遇到了点麻烦，如果你能帮到我，我愿意为你提供免费的比萨……

工作人员： 我爱死 Tony 的比萨了！我能为你做些什么呢？

我： 是这样的，我想把这个 iPad 直接寄还给他，但我没有他的家庭住址。我把它给你，你寄回去，怎么样？

工作人员： 不行啊，Tony，真的很抱歉，我们有规定的，只能对在车里找到的财物负责。

我： 对，有道理。完了，我不知道该怎么办了。你觉得我该怎么办才好呢？

工作人员： **[思考了几秒，然后对我小声说道]** 虽然这样做不太好，但如果我把他的地址给你，你直接寄给他怎么样？

我： Steve，你简直是天才！为什么我没想到？这样吧，事后我送你一张价值 25 美元的礼品卡作为谢礼。

注意，在这场对话中，我两次向那个工作人员提到了让他给我地址的想法，但之后我就开始装糊涂了，并没有直接问他要地址。这是一个很好的案例：在提出索要地址的想法时，结合了影响的原则，让这个想法看起来似乎是对方自己的想法，反过来让对方更容易去落实和兑现这一想法。

在我讨论本章的话题时，你会发现许多与建立融洽关系的原则相似的地方。

说明 我创办了一个非营利组织，名为“无辜生命救助基金会”（Innocent Lives Foundation），致力于把儿童从犯罪者的手中拯救出来。基金会成员都是一些信息安全专业人员。他们通过与执法机关密切协作，找出那些试图藏匿于互联网上的、对儿童心怀不轨的人。他们在打击犯罪并拯救孩子时，广泛应用了本书中讨论的一些技巧。

6.1 原则一：互惠

这条原则和建立融洽关系中的互利原则非常相似。当有人对自己好或给自己想要的东西时，人们总是倾向于回报对方，本原则正是建立在这种心理之上。按 Cialdini 的说法，即使对方给我们的东西并不是我们想要的，我们的内心也会感到不安，直到我们感觉自己做出了回报为止。营销人员深谙此道，所以常常运用这条原则。

6.1.1 实战中的互惠原则

想想上一次你在杂货店获得了免费样品的时候。安排这个样品展位的商店或者营销公司非常清楚，大部分人会在获得了免费样品之后，更倾向于购买正装容量的产品。

人们也往往在被赞美之后，更愿意服从命令或接受请求。

我曾因工作原因和妻子、女儿待在伦敦。为了回家路上能舒服一些，我们买了高级经济舱的机票。我们就像听话的小游客一样，提前三小时抵达了机场。

我把行李车推进去，行李箱太多，摇摇欲坠。我在走向售票处的时候，碰到了地板上的一个小突起，随着一声巨响，所有行李都掉到了地上！我大声地开了一个小玩笑：“M5 公路又出事故了！”

由于我的美国口音，周围所有的英国人都在嘲笑我，一个美国人竟然用一条当地的路名开玩笑。售票处的一位本来看着计算机屏幕的女人抬起头来，微笑着让我们过去。我取出我们的护照递给她，然后我的妻子就开始跟她说，自己超喜欢她的围巾。

我的妻子并不是社会工程人员，她只是一个天生卓越而美丽的妙人，对他人满怀真挚的爱。所以，她是真诚地在赞美这个女人。她说的话类似这样："哇，你化的妆真完美！""你的围巾很配你的瞳色，我太喜欢了。"

我观察着她们的互动，也解读着这个女人的肢体语言。她笑容满面，那笑容里充满了骄傲、幸福，大脑在尽可能地释放着各种积极的化学物质。我立马想道："这是个好时机，Chris——去提出请求吧。"

在我把护照递过去的同时，我依偎着我的妻子，对那个女人说："我和我美丽的妻子想知道——把我们回家的航班座位升级到头等舱要花多少钱呢？"

不可思议的事情发生了，这位票务代理开始疯狂地敲键盘。最终我们无须支付任何额外的费用就得到了三张头等舱机票，并且获得了在候机的三小时中使用休息室的资格。

想想看：我只是在幽默和请求中间穿插了几句赞美而已。互惠带来成功！

互惠原则的图解如图 6-1 所示。

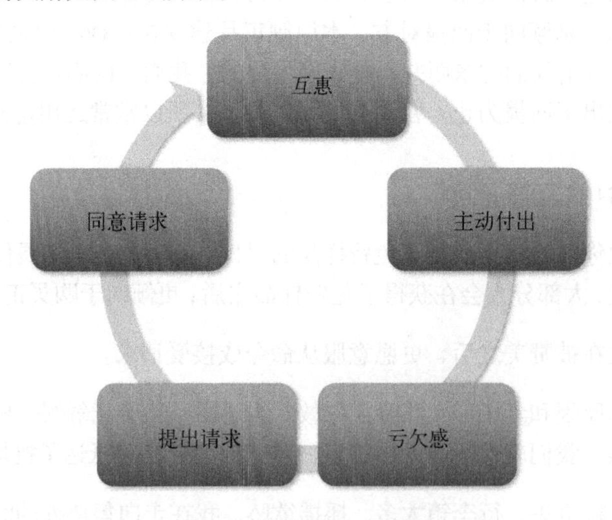

图 6-1 实战中的互惠原则

只有遵照这个路径时，互惠原则才会起作用。不要过早提出请求，只能在制造亏欠感之后提出请求，因为这种亏欠感会让你的请求更可能被尊重。

6.1.2 社会工程中的互惠原则

在你脑海中可能浮现出了无数个运用互惠原则的想法。我来给你一个提示吧：你能提出的请求的水平，是由礼物的接受者所认定的礼物价值来决定的。

请花点时间理解这句话。记住，Cialdini 说的是，无论对方是否想要这份礼物，都会试图给出回报。如果接受者看重这份礼物，那么他就更会觉得自己不得不回馈一份价值相等或更高的礼物。

我是某个黑客小群体中的一员。我们同时也是一群威士忌爱好者。在聚会时，我们有时会互相交换几瓶威士忌。我们每次聚会都会给其他人带一些东西，这样每个人回家时都会带着别人送的新鲜玩意儿。通常我们每次聚会都会设定一个主题，这样就不会出现某人带来的东西价值 100 美元，而另一个人带来的东西则要贵得多的情况。这种做法很好地利用了互惠原则，从而不会让任何人觉得自己对别人有所亏欠。

作为一名社会工程人员，你的首要任务就是找出目标人物或公司看重的东西。你必须在建立伪装时就考虑到这一点。如果你为目标提供了一些使其有可能受益的机会，那你就会更容易成功。

比如，在我之前提到的“操控汽车租赁大作战”任务中，我很快发现目标确实很喜欢 Tony 比萨店。掌握了这一点后，我就通过提供免费食物来换取他的好主意。但我并没有说“如果你给我[**客户的**]地址，我就给你比萨”，这是为什么呢?

原因很简单：此时我们还没有建立起融洽关系。如果我在这之前问他要客户地址之类的东西，他会十分警惕，高树心防，内心亮起警戒的红灯。

我给他提供免费食物之后，我提出了我真正的需求，这种做法让目标“想出了”我所需要的想法。

有趣的事实

我并不希望这个工作人员在去了 Tony 比萨店之后，发现自己并没有获赠礼品券。在挂断电话后，我又给 Tony 比萨店打了电话，以他的名义买了 25 美元的礼品券，让店员将这张礼品券留在店内，等着那个工作人员来取走它，并说是“Tony 比萨店赠送”。

以下是我运用这条原则的另一个情景：有针对性地对一名 CEO 发起钓鱼攻击测试。在 OSINT 阶段，我发现他是一个酷爱马拉松的跑步爱好者。之所以能发现这一点，是因为他在跑马拉松时拍了大量的自拍照。

这次针对性钓鱼攻击测试的切入点是一家营销公司，这家公司策划了这位 CEO 最近一次参加的马拉松比赛。我在发给目标的信息中写道："在您最近参加的'为孩子而跑'马拉松大赛中，我们为您拍了几张照片，想要用于营销和推广。这需要您的同意，请您点击这里查看照片并同意。"如果我没记错，这个 CEO 在收到信息的一小时内就点击了链接。

当你找到目标真正看重的东西时，他会不假思索地同意你的请求。

6.2 原则二：义务

义务听起来很接近互惠，但二者之间仍存在细微的差别。互惠是出于收到有价值的礼物或其他东西带来的亏欠感。义务虽也涉及亏欠感，但它是基于社会规范或预期行为而产生的。

6.2.1 实战中的义务原则

我曾向来自全球各地的学生们提过以下问题：如果你开车行驶在路上的时候，允许一个汽车驾驶员并道到你前方，那么对方有义务做什么？对方又**必须**做什么？

学生们的回答是，这个汽车驾驶员必须挥挥手，竖个大拇指，或者点点头。这些动作都意味着一件事：因为你的善举，所以这个人必须（或有义务）报以某种程度上的尊重和感谢。可如果他们不这么做，又会怎样呢？

我曾在华盛顿开车去参加一场会议。那是一条风景不错的四车道高速公路，而来自其他地方的车流并入一条车道。车流变得拥堵起来。为了放松心情，我打开了音乐，缓慢地行进着。其他车想从匝道并入高速公路，可我周围车辆的驾驶员没有这么无私。他们并不让其他车并道。于是，我减下速，打开指示灯，让第一辆等待并入的车并了进来。

当他把车开到我前面去的时候，我看向他的后视镜，期待看到他礼节性的点头、挥手或感谢的表情。然而我什么都没看到，于是我开始血气上涌。我涨红了脸，车也开得愈发横冲直撞。我开始想："怪不得别人都对你这么差，不让你并道呢！"似乎其他驾驶员能预见此人会这么不知感恩一样。

我给前方这个傲慢自大的人脑补了一堆故事。走了几千米之后，其他车道通畅了，我决定全速前进，超过那个不懂礼貌的驾驶员，让他看看谁更厉害。

我把油门踩到底，我那辆机械增压版跑车的六缸发动机立即马力全开。当开到那个驾驶员的旁边时，我向他投去了厌恶的目光，却发现……他只有一条手臂。我的愤怒霎时变成了羞耻，我迅速挤出一丝微笑，一边点头，一边向对方挥了挥手。

我为什么要给你们讲这个很丢脸的故事呢？这是因为，当我感觉那人没有履行他感激我的义务的时候，我陷入了狂怒。直到我发现他有正当理由不向我挥手时，我才意识到自己的判断失误。

你不妨在下次和别人对话时稍作尝试。当对方问了你一个好问题时，不要回答，也不要认可对方，而只是盯着对方看。如果对方问“你还好吗”，你就只回答“嗯”。

我能想象，你们在设想这个画面时，可能会露出有点难为情的笑容。为什么呢？因为这种不履行回答问题的义务的情况是很奇怪的。

义务是强大的，尤其是其与社会规范挂钩的时候。图 6-2 阐释了义务原则的循环。

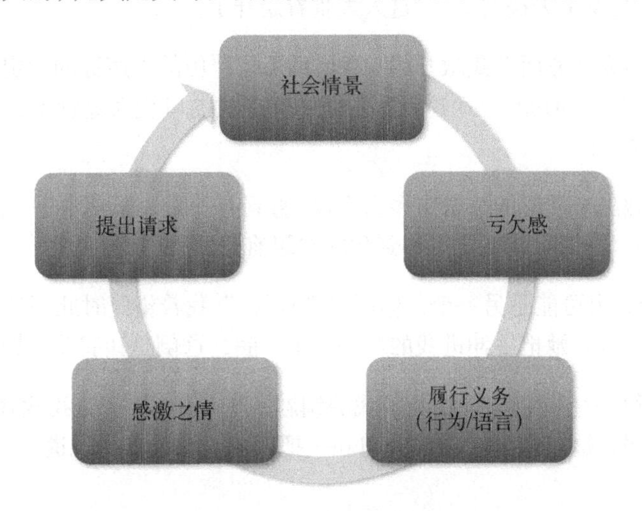

图 6-2 实战中的义务原则

作为一名社会工程人员，你应该按照一般的预期做出反应。否则，你与对方建立融洽关系的可能性就会降低，因为目标会认为你的表现“不正常”。

6.2.2 社会工程中的义务原则

社会工程人员会利用社会情景为目标创造一种义务感，使其一直以某种特定方式行动。举个例子，人们往往认为不帮女士或搬运货物的人开门是无礼的，于是社会工程人员便会对这种习惯加以利用。

在一次行动中，我搬了一整箱沉重的电话和计算机零件。我一直等到午间用餐高峰，才走向我准备进入的地方的大门入口处。当我走近大门时，一个善良的人说道：“我来帮你开门吧。”

当我走进大楼时，一个很严厉的员工说道：“你应该在放他进来之前，先看看他的通行证!”

我说：“他说的没错。唉，这箱子太沉了——我的通行证在我前兜里，你可以拿出来看看。”我把髋部凑向那个严厉的人。

他随即厉声说道：“我不会把手伸进你的前兜的，老兄!”

“唉！我脑子不好使了，”我尴尬地说道，“的确不太合适。这个箱子大约 20 公斤重。你能在我拿通行证的时候帮我搬一下吗？”

“你走吧，我没工夫搞这个!”这人大吼着走开了。

这扇门是因为义务而向我敞开的。我借助那位严厉的人声称的规定：假装出于义务，请他检查我的“前兜”。而这人感觉把手伸进我的口袋太尴尬了，所以只好让我未经检查就进去了。

我的这种做法在类似的情景中多次奏效。直到有一天，我遇到的一个员工这样说：“是这个口袋吗？”然后就要把手伸到我的右侧前兜里。

我说：“噢，也可能是另一个，你可以都找找。”我希望此时此刻的尴尬能让她退缩，然而无济于事。她把手伸进我的口袋找了一圈，这倒是让我非常尴尬!

结果她在第一个口袋里只找到了我的钥匙，于是她说：“让我找找另一边。”而在另一边口袋里，她只找到了我的钱包和一把刀子。她看着我说道：“会不会在你钱包里？”

我说：“我也不确定，可能吧。”虽然我清清楚楚地知道，我的钱包里不可能有她要找的东西。她打开我的钱包，映入眼帘的是我女儿婴儿时期的照片。看到照片的她惊呼：“我的天，好可爱！她叫什么？”

然后我们就我的家庭聊了 15 分钟。这期间她拿着我的钱包、刀子和钥匙，而我也仍搬着那个笨重的箱子。15 分钟之后，她把这些东西都塞进我一个口袋里，并说：“你最好跟保安上报一下你丢了通行证的事，不然会惹麻烦。我在办公室等你。”说完她便放我走了。我们建立起了融洽的关系，也成了朋友，而她现在也有了信任我的义务。

义务是一条强有力的原则，它能让社会工程变得更简单。

6.3 原则三：让步

《牛津英语词典》对“让步”一词的定义如下：“经过起初的抵制和不承认后，承认或赞同某事的真实性。”

请记住，“影响”的定义是，如果一个人觉得某个想法是自己的，那么他就极有可能觉得这个想法很好！“让步”会让目标觉得那是“自己的想法”，并按照你的意愿行事。

6.3.1 实战中的让步原则

在我住的地方，美国爱护动物协会（ASPCA）就很擅长利用让步原则来募捐。他们游说的方法如下。

致电者： 早上好，Hadnagy 先生，我是 Carrie。我代表蒙特罗斯的所有动物爱好者给您打来电话。您的爱犬最近状态如何？

我： [在回答的同时，我意识到自己正笑着在说一些与自己密切相关的事情——完了，怎么停掉这个话题？] 它状态很好，虽然已经年纪不小了。

致电者： 我为此而感到高兴，也为和您这位动物爱好者交流而感到高兴。而同样作为一名动物爱好者的我，现在需要您的帮助。您也知道，我们需要大家的帮助，才能一直照顾我们这片区域的所有流浪动物，而我们希望所有动物都能像您的爱犬一样，有一个温馨的家。您可否帮帮我们？

我： [我觉得我已经无法阻止即将发生的损失了] 是，我的确很爱动物。你需要什么帮助呢？

致电者： [清晰而毫不犹豫地说道] 我们现在需要资金支持，很多人为我们捐了大约 250 美元。

我： [因为马上要打败对方而感到得意扬扬] 250 美元？噢，那抱歉了，我没有那么多钱。我也想帮你们，但是现在拿不出钱来。

致电者： 嗯，我明白，每个人都有需要用钱的时候，一下子拿出这么多钱的确很困难。那么您是否愿意捐出 25 美元帮帮我们呢？

在我意识到不对劲儿之前，我就已经掏出了信用卡。我们来回顾一下这件事吧。我同意了一些事情，或者说是在一些事情上做出了让步。

- 我是一名动物爱好者。
- 我想提供帮助。
- 我会提供帮助，但第一次的要价过高。

在提供了备选项之后，我就无法拒绝了。如果致电者一开始的报价就是25美元，那会如何呢？那么最终的捐款额就会变得更低，但因为她最初提出的要价更高，所以她几乎可以保证自己募集到更多的资金。

执法机关的审讯者就常常运用这种技巧。如果他们能让嫌疑人在一件事情上做出让步，承认哪怕一个微小的细节，他也几乎没有可能继续抵赖。

请考虑这两种情况。探员可以这么问："抢劫发生时的晚11点，你是否在Lee酒吧？"嫌疑人会轻描淡写地回答："没有，我从来没去过那里。"探员也可以这么问："当晚11点，你在Lee酒吧那场抢劫案里看到了什么？"嫌疑人可能会这么回答："我什么都没看到，当时太黑了。"他的这番回答让审讯者知道，这个被审讯的人当晚11点在Lee酒吧。嫌疑人做出了让步！他在回答这个问题的同时，对其是否在那家酒吧的隐藏式问题做出了让步，也可以说是承认。

图6-3阐释了让步原则的循环。

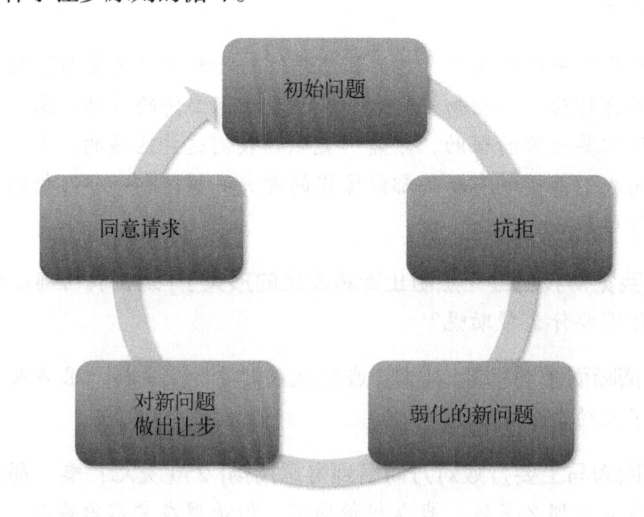

图6-3　实战中的让步原则

6.3.2　社会工程中的让步原则

在一次电信诈骗测试中，我们需要获取员工的全名、员工ID和社会保险号码。我们想了两个自认为还比较靠谱的伪装，然后就开始给目标打电话了。

我们的通话内容如下。

我：　您好，我是 IT 部的 Paul，请问您是 Sally Davis 吗？

目标：我是。需要什么帮助吗，Paul？

我：　是这样的，昨晚我们在更新 RFID[①]通行证系统时，丢失了一些记录。请问您今早使用通行证时是否出现了什么问题？

目标：没有问题，我可以正常进入。

我：　太好了。您真幸运，许多被标识的账户都在进入大楼和使用打印机时出现了问题。我需要核实一下您的账户上的一些细节，以防您遇到什么问题。这大约要花 30 秒，可以吗？

目标：当然可以，你需要什么信息？

我：　您只需提供您的全名、员工 ID 和社会保险号。

目标：呃……好多敏感信息啊。您叫什么来着？我得去查一下。

很多通话都是这样进行的，最后我们都失败了。于是我休息片刻，思考了一下影响的原则，然后对伪装做了一处修改。下面的对话从目标告诉我今早进入系统时没有出现问题开始。

目标：没有问题，我可以正常进入。

我：　太好了。您真幸运，许多被标识的账户都在进入大楼和使用打印机时出现了问题。我需要核实一下您的账户上的一些细节，以防您遇到什么问题。这大约要花 30 秒，可以吗？

目标：当然可以，你需要什么信息？

我：　首先，我想确认一下您名字的拼写。您的名字是 S-A-L-L-E-Y……

目标：不对，不对，没有 E，只有两个 L。

我：　噢，您瞧，幸亏我给您打了电话。您不妨也拼一下您的姓，以防我拼错呢？

① RFID，全称为 Radio Frequency Identification，即射频识别技术，是一种常见于门禁管制的非接触式数据通信技术。——译者注

从此刻开始，我就可以询问对方的工作部门，确认电子邮箱地址，而当我们提及员工 ID 和社会保险号码时，对方已经做出让步，同意给出所有相关信息，甚至更多。仅仅这一处改变，就让任务的平均成功率提升到了 84%。

作为一名社会工程人员，请谨记，不要一开始就直奔主题。可以通过一些次要的事情，让对方做出让步并顺从。

6.4 原则四：稀缺

“清仓处理!”

“史上最低价!”

“全球仅剩 10 件!”

为什么我们总是吃这一套？这是因为如果某物很稀缺或比较难得到，它的价值就会提升。如果有 20 个纸杯蛋糕，其中一个的价值是多少？而只剩一个纸杯蛋糕的时候，它的价值又是多少呢？

6.4.1 实战中的稀缺原则

企业往往通过让产品、食物、时间、珠宝，以及任何有价值的东西变得稀缺，从而提升它们在消费者心目中的价值。图 6-4 阐释了稀缺原则的闭环。

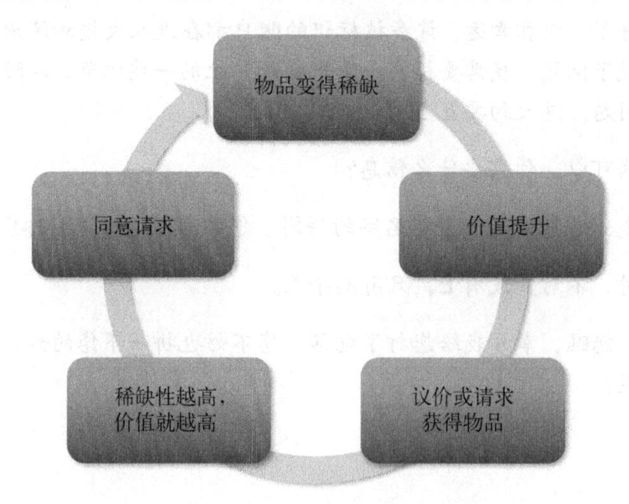

图 6-4　实战中的稀缺原则

6.4.2 社会工程中的稀缺原则

在一次工作中，我们通过 OSINT 找到了某公司 CEO 的社交媒体账户，他在上面事无巨细地晒出了他三年内度过的第一个真正的假期。他带全家人去了巴哈马群岛度假，拍了行李的照片、乘车去机场的照片和家人在航程中的照片，其中一张照片还写着："开启为期两周的天堂之旅。"

获知了这些信息以及他所在公司的 IT 服务供应商后（后者是我们翻垃圾桶找到的），我进入他公司的大门，径直走向门卫 Jane。对话如下。

Jane：有什么能帮到您的？

我：你好，我是 XYZ 公司的 Paul。Jeff 让我来看看他的……**[低头看向我的文件夹板，翻了几页，好像我在寻找什么东西一样]** ……计算机速度变慢的问题。他觉得是中了病毒。

Jane：**[看着自己的文件整理器]** Paul，我这边没看到 Jeff 和你的预约记录。不好意思，你不能进去。

我：Jane，我不知道怎么跟你说，是这样，Jeff 打电话给我，说他要去巴哈马群岛待两周，让我在他回来之前把这个问题处理好。为了今天办成这事儿，我调开了其他四场预约，下个月我就没时间了。**[我停顿了一下]** 算了，我给 Jeff 发个信息，跟他说他忘了告诉你了。他得再多等一个月才能处理这个问题了。

我：**[紧接着把我的文件夹板递给 Jane]** 请在这里签名，确认你已知晓我们在接下来的四周内没有时间，谢谢。

Jane：**[看着我，沉默了一秒]** 他的确一直在抱怨计算机变慢的问题，我也不想告诉他你再过一个月才能来。来吧，我放你进来。

就这样，我顺利地进入了 CEO 的办公室。

通过声明我时间的稀缺性，我提高了当下行动的价值和重要性。这种稀缺性让 Jane 觉得，拒绝我会导致将来出现大问题，从而让整个公司都完全向我敞开了。

作为一名社会工程人员，你可以针对时间、信息，甚至你在伪装中暴露的消息来应用稀缺原则。这会让你拥有的东西增值，并让你的目标根据感知到的价值来做出决策。

专业提示　我常听到这样的问题："有多少人因为你而被解雇？"

作为一名职业社会工程人员，我认为，重要的是确保我的成果用于教育，而不是解雇别人。当然，如果我们发现员工在做非法勾当或对公司有害的事则另当别论。所以，我可以骄傲地说，很少有人完全是因为被我的伪装所欺骗而遭到解雇。

6.5　原则五：权威

当某人带有适当的权威发表言论时，其他人便会认真对待他。举几个例子。

- 如果一个穿着白大褂或医生工作服的人说："脱掉裤子。"你会乖乖听话。
- 如果你的父母、老师或监护人说："那个不能碰！"你会乖乖听话。
- 如果你的教官或指挥官说："给我 20 美元！"你肯定会乖乖听话。

以上这些人都有一个共同点：他们对你而言具有权威，或者对你有管理权。但什么能代表权威呢？当你走进一个房间时，如何才能判断哪个人有权威呢？

看看图 6-5 和图 6-6 里的 Ben，然后告诉我，你觉得哪张图里的 Ben 具有权威，理由是什么？

图 6-5　他的表情和肢体语言在传达什么

图 6-6 哪些是自信的标志

你也许会觉得图 6-6 中的 Ben 更有权威和自信。这两张图中，Ben 的衣着相同，年龄相同，发型也相同。但在图 6-6 中，他挺胸抬头、十指指尖搭在一起，脸上没有丝毫畏惧。

这些特征都显示出了此人的自信，而这种自信会让我们觉得此人是个掌权者。其实，当我问我的学生们，对他们而言什么代表权威时，他们列举了一些特征，比如自信、大声、挺胸、抬头、衣着整洁、性格直接等。

权威对我们有什么影响呢？它能让权威者在无须证明我们为何要服从他的情况下，在某种程度上相信他说的话。

6.5.1 实战中的权威原则

Stanley Milgram 博士曾经针对这一主题进行过深入研究，影响极为深远。1963 年，Milgram 博士对他听到的纽伦堡大审判（Nuremberg Trials）中关于战争暴行的审判，进行了研究。审判过程中，辩护方声称“我只是奉命行事”。在题为“Behavioral Study of Obedience”的研究中，Milgram 博士对他的发现做了概述。

Milgram 博士想知道，遵守法律的普通公民是否会被权威所迫，对他人造成伤亡。当然，进行这种研究将受到大量限制。你要怎样证明，在收到权威者伤害他人的命令时，有多少人会服从或者不服从呢？

许多随机挑选的公民自愿参与了 Milgram 博士的研究。为了保证研究有效，Milgram 博士告诉他们，他们会随机地扮演学生或老师，其实所有志愿者都要扮演老师的角色。

志愿者会看到学生被绑到连着电线的椅子上，然后被告知，答错问题的学生将受到电击。但他们其实并没有真的受到电击——只是在假装被击疼了而已。

老师（即志愿者）会看到一个很大的箱子，里面有拨动开关，档位从 15 伏特到 450 伏特，每档增加 15 伏特。志愿者甚至会受到最少 45 伏特的电击，从而让他们确信电击的真实性。

然后一个穿着白色实验大褂的男人（即权威者）坐下来，监视着老师提问。学生每答错一次，惩罚的电压也会随之上升。

如果老师因为听到学生受苦而拒绝继续惩罚，那么穿着实验大褂的男人则只能说以下两句话中的一句。

- “试验必须进行，请继续吧。”
- “不会造成永久性组织损伤的。请继续吧。”

听起来这些老师并没有受到多大的胁迫，对吧？但研究显示，65%的老师最终让学生承受了 450 伏特的电压！

请记住，老师的扮演者都是普通的工薪阶层，而不是什么虐待成性的反社会者。然而，根据 Milgram 博士的研究，40 个志愿者有 26 个（65%）一直把电压加到了 450 伏特，因为有位看似很权威的人让他们继续实验。

图 6-7 阐释了权威原则的循环。

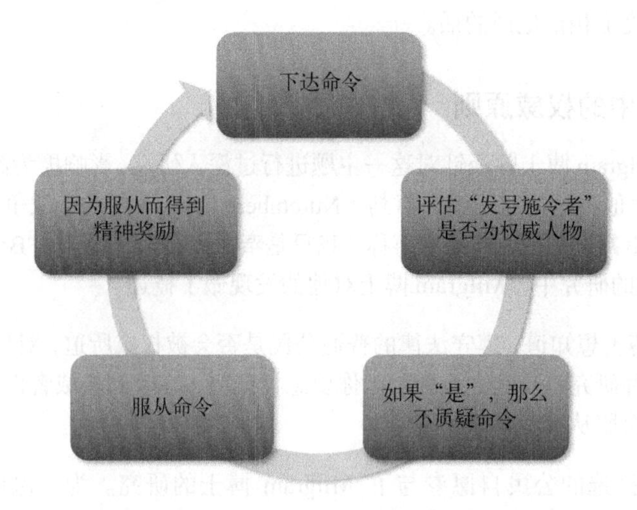

图 6-7 实战中的权威原则

6.5.2 社会工程中的权威原则

我一直很难在我的社会工程伪装里直接运用权威原则，主要原因是我往往没能很好地掌握相应的知识，这意味着我很有可能因露馅儿而被抓。

然而有时候，暗示自己有权威或被授予权威就足够了。在一次工作中，我找到了一封有目标参加的金融委员会会议的电子邀请函。这碰巧跟我们的工作范围重合，所以我决定利用这一点。我们针对所有参会人员进行 OSINT，并发现了一位看起来颇具权威的女性。无论是从她在社交媒体上展现出的外在和言行来看，都很像是一位权威人士。而且在一个比较火的职场评价网站上，有几条和她有关的评价也说她是一位很难伺候的领导。

于是我从通讯录中找到同伴的手机号，并把同伴的名字改成了这个女人的名字。（暂且叫她 Sally Smith 吧。）我跟那个同伴说："如果你看到我和保安起了争执，就我发一条消息：'死哪儿去了？我们等了你 15 分钟！马上给我过来！'"

我抱着一堆文件夹和文件，试图径直从保安面前走过去，但我知道我会被拦住，因为我们早就知道这里的安保非常严格。事情的经过是这样的。

保安迅速说道："不好意思，先生，您要去哪儿？请停下！"

我停下脚步，回头惊讶地看着他说："啊？你没看到我刚刚出去找我的车吗？我是 14 日的金融委员会会议的参会人员。我得赶紧走了。"

"不好意思，先生，我没看到您出去。请出示您的通行证。"保安要求我这样做，语气里带着一丝疑惑。

我长叹一声："好吧，但如果我要解释迟到原因的话，就得把你的名字告诉 Sally 了。"我一边轻拍着口袋一边嘟囔："我肯定是把通行证落在哪儿了……"然后我的短信提示音就响了起来。

我掏出手机给他看。短信界面的最顶端显示了姓名"Sally Smith"，下面的信息是："死哪儿去了？我们等了你 15 分钟！马上给我过来！"

我说："你想让我在整个会议室都在等着我的这些文件的时候，打电话告诉她我被拦住的原因，还是想让我告诉她拦住我的保安的名字呢？"

他看了短信，然后看着我说："真的很抱歉，先生，我刚刚确实没看到您出去。请您忘记这段不愉快，快去参加会议吧。"

"如果你现在就放我过去的话，我就当这事没发生。"于是我就进入了这座安保森严的建筑，开始自由地闲逛了。

权威，即使不是直接来自于我，也迫使保安采取了不符合其最大利益的行动。权威是一个强大的驱动力！

6.6　原则六：一致性和承诺

我们都希望自己看起来是表里如一的，也就是说，我们总是希望我们说的话跟我们对外想要表现出来的形象是一致的。尤其是在坚持某事的时候。你是否见过小孩子不肯承认错误的样子？（“我没打碎那盏灯！不是我！”）即便你找到了十分确凿的证据，他也会一口咬定自己没干坏事。

为什么一致性对我们如此重要？我们之所以想要（甚是需要）自己看起来是内外一致的，是因为保持一致性代表着自信和力量。

6.6.1　实战中的一致性和承诺原则

我住在一个较为偏远的农村地区，近来这里发现了大量的石油和天然气。如今整片地区都在大肆开采资源，路上也出现了很多大型卡车。

我见过一辆装着成吨设备的卡车，以每小时八九十千米的速度在路上飞驰。这些开车有些莽撞的司机使得这条路变得隐患重重。因此我的一些邻居不得不在院子里竖起了手绘的牌子，让司机们减慢速度，注意安全，像自己的孩子住在附近那样谨慎驾驶。但如果我的邻居请求在我的院子里竖一块这样的大牌子的话，因为它会挡住我妻子种植的美丽花朵或我的爱车，所以即使我希望司机减速，我也会拒绝他们。

1966 年，研究员 Jonathan L. Freedman 和 Scott C. Fraser 研究了一致性和承诺原则，并将研究内容写在了“Compliance Without Pressure: The Foot-in-the-Door Technique”一文中。他们挨家挨户地请求附近的居民在他们的院子里竖起字迹潦草的大牌子，上面是对司机的安全警告。这些大牌子会挡住一些院子的景色。最终研究人员发现，83%的房主拒绝在自己的院子里竖起这样的牌子。

Freedman 和 Fraser 在访问下一个街区之前，对他们的请求做了一处修改，最后成功率竟达到了 76%！你没看错，76%的人同意了！他们到底做了什么修改呢？是字变工整了，牌子更漂亮了，还是他们会为此支付报酬，抑或是租下了院子？

不不不，都不是。他们改变的是牌子的大小。到了第二个街区时，他们先请求房主在窗户上贴一张展示相同信息的，宽约 8 厘米的贴纸。几周后，当他们再回来让房主在院子里竖起那块难看的大牌子时，就有 76%的人同意了。

Freedman 和 Fraser 把这种方法叫作“登门槛法”（foot-in-the-door）。一旦迈出了走向成功的第一步（在窗户上贴小贴纸），房主们就会比较愿意同意他们进一步的请求（竖起更大的牌子）。

Freedman 和 Fraser 的研究开启了一场研究热潮，而所有的研究结果几乎都惊人地一致。如果人们事先同意了一件小事，后续服从的可能性就会大幅提高。

当你将顺从和一致性原则相结合时，你将无可匹敌。这主要是因为我们希望自己是内外一致的，并且对外表现出来的形象也是如此。大脑不喜欢我们的内部争执，所以即便我们曾经坚持的事情是错误的，为了保持一致，我们也会固执己见。图 6-8 阐释了这个道理。

说明 一致性与承诺原则中的时间周期不一定会很长——甚至可以只有几秒。只要对方同意了第一个请求，就会为了保持一致而同意另一个请求。

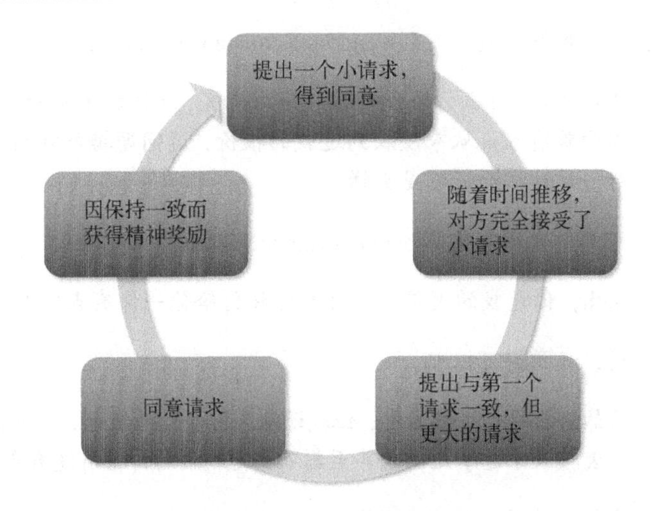

图 6-8 实战中的一致性和承诺原则

6.6.2 社会工程中的一致性和承诺原则

“若非必要，决不破坏伪装”是我的一条个人原则。只有在极为特殊的情况下，伪装才可以被破坏。我之所以制定这条原则，是因为下面的这段经历。

我曾接受了一项多阶段的任务，需要去一个堆放着很多大型垃圾箱的封锁区域，而这些垃圾箱里会有公司淘汰的技术设备。

要接近这些垃圾箱，我必须绕开保安，想办法进入园区内的一个安全区域，在此期间我不能被拦截，而且在翻找有价值的材料的时候不能被打扰。

在 OSINT 阶段，我以寻找垃圾箱制造公司作为切入点，开展工作。但目标公司政策严格，拒绝透露与供应商有关的任何信息，不过我仍决定联系一下财务部，看看能否想办法套出这些信息来。我们的对话如下。

公司代表：您好，我是 Beth。有什么可以帮您的？

我：您好，Beth，我是 Professional Dumpster 公司的 Paul。我们刚来此地不久，想试着多做点本地生意。我能否给您提供一个大致报价？

公司代表：您好，Paul，我们欢迎新供应商的报价。您只需告诉我们单价，如果价格合适，我们将继续详细咨询。

我：好的。您能给我一个电子邮箱吗？

公司代表：您不用发给我，发到 vendors@company.com 即可。

我：明白了。有什么方法能让我抄送给您呢，这样我才能知道成功了，因为曾有人说从来没收到过我的报价，这问题挺严重的。我刚入行，对这方面还不是太懂。

公司代表：好吧。我的邮箱是 beth.p@company.com。

我：Beth，你是我的大恩人。那我能托付给你一件有点私人的事吗？

公司代表：呃，我觉得可以吧。

我：虽然我几乎什么都卖过，但我还从来没卖过垃圾箱，也觉得我可能不太擅长干这事儿，我甚至都不确定我们的价格有没有竞争优势。

公司代表：真替你难过，Paul。这样吧……你把你的报价发给我，我肯定会看的。

我：Beth，你真是我的大恩人！虽然我知道这样不太好，但我还是想问下，你能否告诉我，我的竞争对手是谁？[看，现在她已经同意要帮我，还给了我她的邮箱，我们还沟通得很愉快。但我们的关系是否已经融洽到能让她冒这个风险了呢？]

公司代表：是这样的，Paul…… **[叹了口气，顿了顿]** 我也想帮你，但我们有这方面的政策。我怕惹麻烦，但我是真的很想帮你。

我： 好吧，我懂。但我的处境确实比较艰难。这样吧，我列几个名字，你听到那个名字就咳嗽一声。Superior Waste 公司，Excellent Dumpster公司，Waste Management公司 **[Beth咳了一声]**……Beth，你听上去好像感冒了，希望你能早日康复！

公司代表：[轻笑] 谢谢，我的确感觉好像生病了一样。祝你好运。

有了这些信息，我就能找到对应的工作服，进入安全区域，找到一些未被损坏的硬盘和 USB 设备了。万一这些东西落到别有用心的人手里，那么淘汰它们的公司可能就要遭殃了。

目标会想要与自己曾经的承诺保持一致，无论是身体上还是心理上都是如此。抓住这个特征，社会工程人员便可以更轻松地让对方接受自己的所有请求。

6.7 原则七：好感

在第 5 章中，我提到了族群心理。现在请你在下面这句话的语境中想想这个概念："人们喜欢那些与他们**相似**的人。"如果我们相似，又在同一个族群里的话，我们将感到舒适和熟悉，也会被喜欢、被接受、被信任。

再看看第二句话"人们喜欢那些喜欢他们的人"。这里我要提醒你，第 1 章中提到的 Zak 博士有关催产素的研究，恰好能应用于这种情况。如果你**喜欢**一个人，或者让对方觉得得到了你的好感或信任，那么对方就会不可救药地喜欢上你。

先别说"这也太简单了吧"。我要给你列几个基本准则。

- **你的好感必须真诚**。假装喜欢别人是不会有效的。即使前几分钟有效，最终对方也会明显看出你喜欢得不真诚，从而不再对你怀有信任，你们的融洽关系也将无法修复。
- **别简单地将赞美当成喜欢**。赞美起作用的前提是要真诚，而且要与已建立的融洽关系水平相匹配。
- **非语言表达会起到巨大的作用**。如果你的非语言表达很真诚（回想一下第 5 章里有关调整肢体语言的讨论），那么对方会更容易信任你，并觉得跟你相处很舒服，从而更容易喜欢上你。

以上准则都有一个共同点：你向对方所表达的好感必须是真诚的。我的挚友 Robin Dreeke 是如何做到这一点的呢？他把每个人都看作在参加一场"真人秀"。他无须喜欢你的生活或你所做的事，但他对"真人秀"的情节及其展开有足够浓厚的兴趣。这种探索的兴趣是真诚的，而当对方无意间发现这种真诚时，就会信任他，与他建立起融洽关系，从而更容易受他影响。

为了促进这种情绪的产生，你可以想办法赞美对方，模仿对方的肢体语言或语言线索（但不是鹦鹉学舌），这能让对方对你产生温馨而舒适的感觉。图 6-9 说明了好感的生效机制。

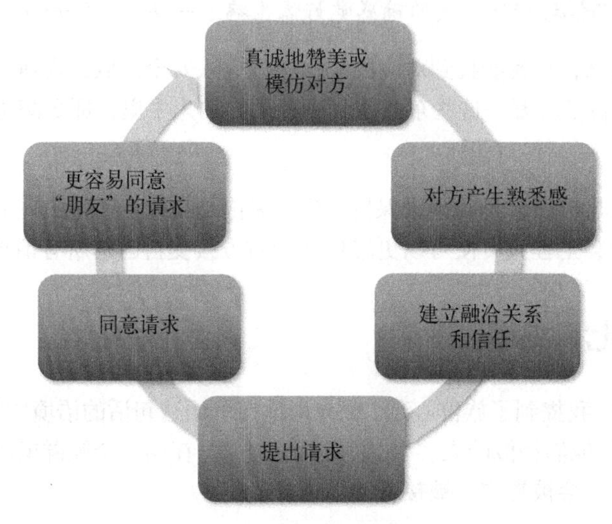

图 6-9　实战中的好感原则

社会工程中的好感原则

在执行一次任务时，我想要尾随他人潜入指定地点。在走向正门入口的过程中，我清楚地知道自己没有足够的时间构想出一个切实可行的计划。

这时，一名男子从一辆崭新的轿车里出来，步履轻快地走向门口。我连忙跟上他的脚步，确保我们之间的距离能让他听到我说话。然后我问另一个走向门口的人：“您好，您知道那辆轿车是谁的吗？”被我问到的女人回过头来，像看傻子一样看着我，但我不在乎。只要车主能够因此放慢脚步并回过头来，就足够了。

他看着我说：“是我的车。怎么了吗？”

我伸出一只手，说：“我是人力资源部的 Paul。”我停顿了很长时间，心里祈祷着他不要也来自人力资源部。然后我继续道：“不好意思，我是新来的，我和我的妻子刚刚在看那辆车。我想知道您觉得它怎么样。”

这些就够了。接下来他便热情地向我讲述了这辆车，介绍了它的每一个特征。在简短地了解了这辆车后，我说：“我开会要迟到了，您介意咱们边走边聊吗？”

“当然不介意，Paul。”在路上，他跟我讲了质保、舒适模式、油耗等。他真的很爱他的这辆车。

我们往前台走的时候，我说：“很显然你做出了最好的选择。你是怎么知道这么多汽车知识的？”我不仅赞美了他的选择，还认可了他的知识。他于是不假思索地替我刷了通行证，还帮我留了门。

因为有保安盯着，所以我拿出了钱包，在门柱上的 RFID 接收器上贴了一下，然后继续若无其事地走着。这个男人在把我送去人事部办公室的路上，和我聊了 20 分钟他的轿车，当我们到达的时候，他说：“啊，我们到了——这是你的办公室。我的分机号是 4328，如果你想了解更多信息的话，联系我就行。”

我说：“我觉得我应该直接让你帮我买辆车了——你懂得太多了。我能在下午三点开完会之后联系你吗？”

“当然了！没问题！到时候联系我就行。”然后他就消失在了走廊转角。

我喜欢他所喜欢的东西，也很欣赏他所拥有的知识。仅是这两点就让我骗过了保安，溜进了大楼，没有经过任何安全检查。

好感是一条强大的原则，能为你打开许多扇通往职业社会工程的门（双关语）。如果你像我一样，那么运用好感原则最大的难点就是，学会表现出足够强烈的兴趣，这样你的“喜欢”才能显得真诚。

专业提示 请不要在目标达成之后，就立即将态度从温和友好转为冷酷无情，这种不一致的行为会让你的目标产生负面情绪。

6.8 原则八：社会认同

1969 年，Robert O’Connor 博士进行了一项名为“Modification of Social Withdrawal Through Symbolic Modeling”的研究。这项研究的研究对象是患有社交焦虑症和从学校退学的儿童。

这些儿童被分为两组。第 1 组的儿童要观看一则不包含任何社交镜头的视频。第 2 组的儿童则要观看一则长达 23 分钟的视频。视频里面的孩子非常善于交际，也有着比较美满的结局。

第 1 组儿童的行为没有发生改变，第 2 组儿童的社交行为则得到了显著改观。不仅如此，当六周后医生对他们进行回访的时候，第 2 组儿童也已成为社交中的佼佼者。

医生利用**社会认同**改变了这些可能会终生患有社交障碍的孩子们的一生。视频向第 2 组儿童展示了社交是美好的、安全的，甚至是有益的。

6.8.1 实战中的社会认同原则

《有照为凭》（*Candid Camera*）是一档优秀的电视节目，会用有趣的恶作剧来展示社会认同对不同的人的强大影响。节目组会找三四个人来制造恶作剧，让他们装作互相不认识，走进一台电梯然后一起向后转。没有参与恶作剧的人最终也会向后转，与他们保持一致。在一次恶作剧中，甚至有一个年轻男人随着他们转了一整圈还摘了帽子，这都是社会认同的力量。

我们都想变得像其他人一样。可能有人会说自己很独特，不适合任何一个群体，但这样的人本身就是一个“群体”。

当我们迷失、困惑、感到不安时，往往会通过观察别人的举动来寻找自己的方向（社会认同）。

有趣的故事

我在拉斯维加斯教课的时候，给我的学生们播放了《有照为凭》的片段。有五个学生想知道这种恶作剧现在是否还有效果。他们也假装不认识彼此，并做这了三次测试。在三次测试中，没有参与恶作剧的人们无一不屈服于群体压力，也转向了大家面对的方向。

图 6-10 阐释了社会认同循环。

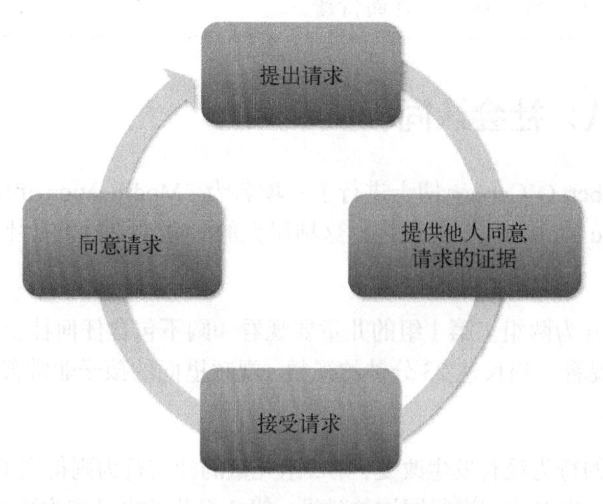

图 6-10 实战中的社会认同原则

6.8.2 社会工程中的社会认同原则

大多数情况下，人们不愿意成为首先采取行动的人。然而我发现，运用社会认同原则能够使人放松，从而让人做出他原本不情愿的行动。

在一次任务中，我需要进入一栋楼中的一块安全区域，于是我穿上了当时能找到的最好的一套电话技术人员的工作服。我没有直接进入目标的办公室，而是先去了隔壁的楼。进去之后，我先做了自我介绍，自称是来自 XYZ 电话公司的技术人员，并声称我负责这块区域，还留下了一张假名片。

我在目标两侧的楼都如此操作了一番，然后才走进了目标办公室。我走向前台，说："我是 Paul。我们发现电话线路不太稳定，这会导致这片区域的电话和网路中断。我需要检查这片街区的每一家公司，确保系统设置没有问题。"前台的女人开始试图打断我，但我还是坚持说了下去，并低头看了看文件夹板："我和隔壁楼的 Beth 谈了谈，他们的线路测试没有出现问题。我还测试了旁边的楼，Fred 那边也没有出现问题，他对此很满意。所以我想，既然我到这了，我也应该测试一下你们的系统，确保问题不是出在这里。"

我并没有盯着她看，而是在夹板的单据上潦草地写了我编造的一些关于其他两家公司的记录。对面的女人只犹豫了片刻便说："哦，多亏了你，今天 Fred 肯定很高兴。他一直在抱怨线路问题。"

于是我就通过了前台，被送到了服务器机房。

我曾在多种场合中运用过社会认同原则。在一次任务中，我每次开始对话前都会有一小段开场白："我今天只需再打三次电话就完事儿了，幸好今天大家都特别友善。"然后我就会开门见山地提出问题。使用一点这样的社会压力往往非常奏效——部分原因是，人们会因为自己不是第一个透露给我全部信息的人而感觉良好。社会认同已然是我对他人施加影响时采取的最重要的手段之一。

6.9 影响还是操控

在讨论影响的原则时，人们往往会问："你做的一些事情听起来非常像操控，影响和操控是一回事吗？"事实上，影响和操控非常相似，因此人们往往将二者混淆。

首先需要明确的是，我在此分享的见解仅代表个人观点。它绝不是唯一的解读方式。而且我把 Cialdini 博士请到播客中时，从他身上我确实又学到了一种与我截然不同的观点。

我对影响的定义是“让他人愿意做你想让他们做的事”，而对操控的定义则是“让他人做你想让他们做的事”。两者的区别是，操控并不关心目标的感受。影响倾向于保证整个过程的积极友善，而操控没有。

6.9.1　实战中的操控

要解释影响和操控的区别，最佳方法是给你讲一个故事。这个故事真的很让我尴尬，但也是我整个职场生涯的重要转折点。

在我开始努力成为一名职业社会工程人员时，我执着于不能有任何失败的想法。我真切地认为只要没达到 100% 的成功就算失败。这种想法让我对目标或目标的员工的感受漠不关心，只要能“赢”就行。

然而在一次工作中，我并没有赢。我输了。目标根本没有点击我的测试邮件，一封都没有。他们还定期屏蔽陌生电话。我遗留下的 USB 设备无论贴什么标签，都不会有人去看里面的资料。而其他两次尾随潜入和搬重箱子的计划[①]也都以失败告终。

我很沮丧，也没意识到这是一个称赞客户做得很棒的好时机，反而受到了内心胜负欲的强烈驱使，决定铤而走险。这家公司在室外开辟了一片午餐区域。虽然因为有安检，我无法通过入口进入大楼，但我能随意进出午餐区域。

我的伪装是这样的：我是人力资源项目主管 Frank T.，是来给一项保健宣传收集信息的。我的秘书 Marsha 是一个疲惫不堪的单亲妈妈。我在一张坐满员工的桌子附近站定，确保他们都能听到我说的话。这时 Marsha 低着头向我走来，递给我一沓白纸。我看着这沓白纸，以非常愤怒的语气说：“这是什么玩意儿，你这个废物……”我重重叹了口气，又说：“如果这么一件简单的工作你都做不好，你可能需要找一份新工作来维持你和你孩子的生活了！我受够你了！”

然后我把纸摔到桌上，从 Marsha 身边走开了，而她坐下哭了起来。

我看到一个男人径直向我走来，但当他看到 Marsha 在哭的时候，他转而走向了她，并说：“你还好吗？刚刚怎么了？”

她抬头看向他，害怕又紧张地答道：“真的很抱歉，我不想在你吃饭的时候打扰到你，你也了解 Frank 的为人，他只是压力太大了。”

“Frank 算老几啊？谁都没权力用那种语气跟你说话，太荒唐了。”他在她旁边坐了下来。

---

① 参见 6.2.2 节的内容。——译者注

“不，你不懂，他家里出了点状况，还要在明天之前把这些表格填完，可我犯了大错，把这茬给忘了。我以为我能在午餐时间补上，可他还是对我发了脾气。我要被解雇了。”

“他不应该这么跟你说话的，他真是……”

她打断了他，为那个欺负她的人辩解道：“不，没事的，是我活该，我本该上周就做完的。是我的错。他是个不错的人，只是用人不当选择了我。”

“别管了，把表格给我！”这个男人，她的救命恩人，站了起来，走到每一张桌前说道，“我们今天要把这个填完，并且我希望你们在吃午饭之前就填完。填完之后就把这个表送到那位善良的女士那里。”

他指着 Marsha。Marsha 终于笑了，并感谢他那挽救了她职场生涯的善意举动。

当这位经理让午餐室内的所有人服从命令时，我们就有了大量的写有他们全名、出生日期、网络 ID、社会保险号、家庭住址、电子邮箱、电话号码和其他个人身份信息的表格了。

毫无疑问，我赢了。但代价什么呢？当人们发现这是一个陷阱时，是否应该学到教训？这教训是什么呢？做人不要太正派？不要有同情心？这可不是一个好的教训。

由于我的这次操控，我被这家公司的员工永远当成了“欺负自己秘书的人”。我也不妨告诉你，我不仅没能从这次任务中学到任何有用的经验，而且我再也没有收到过那家公司的委托。

6.9.2 操控的原则

虽然操控是负面的，但也的确需要遵循以下原则：

- 提高情绪敏感性
- 环境控制
- 强迫重新评价
- 剥夺权利
- 惩罚
- 恐吓

单纯通过这些原则的字面意思，你就能感觉到这种手段的负面性了。有人做了一个研究，我认为其结果提炼出了我不喜欢使用操控原则的原因。

1967 年，宾夕法尼亚大学的 Martin Seligman 博士和 Steven F. Maier 博士进行了一项研究，想看看上述的其中一些原则效果如何。他们把狗作为实验对象，观察它们将如何面对失控情景。Seligman 博士和 Maier 博士在一篇题为“Learned Helplessness”的文章中写到了这项研究的结果。

这项实验大体来说，就是用不同的方式把狗拴住——可能是单独套上枷锁，或是跟其他狗一起——然后对狗实施电击。有时狗需要找出一个按下去就能停止疼痛的控制板。但有时候控制杆并不能停止电击，而这些狗发现自己无法阻止惩罚之后，就会接受现实、放弃逃脱，只躺在那儿痛苦地呜咽。

虽然这项研究看起来很让人不安，但它仍揭示了一个理解操控原则的重要方面。很多时候，实验对象会单纯因为没有选择，而接受自己所恐惧的、会伤害自己的，或明知道对自己有害的东西。当恐惧和愤怒淹没了理智，大脑就会完全任凭情绪做决定。对于一名职业社会工程人员而言，放弃了理性思考，基本上也就丧失了以此为契机来教育他人的机会。当目标发现自己的恐惧是由测试所导致的，他会产生许多负面情绪，这种负面情绪会让他抵制跟你学习。

作为一名社会工程人员，是选择影响还是操控

如果你想成为一名职业社会工程人员，就要确保在大多数情况下，你的客户能够从你的努力中学到东西。也就是说，你要尽可能使用影响而不是操控。

别急，在你完全否定操控的用处之前，我想给你举几个我曾运用了操控却没造成什么负面影响的案例。

在无辜生命救助基金会（Innocent Lives Foundation）中，我们有时需要用操控来达到目的。在追捕贩卖儿童者或那些犯下滔天罪行的罪犯的时候，我们会竭尽所能。

我还会在客户要求时运用操控。这种情况一般出现在对应的风险特别高的时候，比如客户是一家大型金融机构或一个基础设施维护组织，需要尽可能深层次地进行测试。有时候，客户会需要我们用操控而非影响来深入测试其规程。这种要求通常出现在客户做过多次测试之后，需要做更深层的测试的时候。当我们做这些额外测试时，仍须确保有人能从中汲取教训，并进行改善。

举个例子，我们的某位客户需要我们测试他们训练有素且灵活应变的电话客服代表。这个公司守护着价值数百万美元的数据，而客户想要确保他们的客服代表能够防御来自现实世界的攻击。

在用影响手段测试了几次之后，我们决定更进一步，与我们社会工程团队里的两

位女性团队成员联合进行伪装。

团队成员 1 打电话给部门，以一个非常可信的伪装身份，要求获取一些填写工资单所需的信息。对话如下。

团队成员 1： 你好，我是来自 XYZ 公司的 Sarah。我们发工资的员工刚被解雇，今天得由我来发工资。我下周就要生第一个宝宝了，所以得在这周末休假之前把事办完。

电话客服： 恭喜！真为你高兴！别担心，我会帮你的。我只需要先验证一下你的身份，然后就能重置账户，允许你访问了。

团队成员 1： 太好了，谢谢你。哎哟！

电话客服： 你还好吗，Sarah？

团队成员 1： 我也不知道，突然疼了这么一下，可能是因为压力吧。我们先谈公事，搞定后我就能离开了。你需要什么呢？

电话客服： 好，我需要你的账户和个人身份识别号。

团队成员 1： 先生，我说过，我刚刚把发工资的员工解雇了，我没有那个号。她重置过了，而我得找回这个账户。

电话客服： 哦，Sarah，很抱歉，但是……

团队成员 1： **[开始阵痛，丢掉了听筒]** 我的天啊，我的羊水破了！

电话客服： 你还好吗？女士？没事吧？

团队成员 1： **[假装向同事喊道]** 你！过来接个电话，**[假装向另一个同事喊道]** 你快叫救护车！

团队成员 2： 你好，你是？

电话客服： 我的天。你好，我是 QRS 的 Steve。我刚刚在帮 Sarah 处理工资账户的事，不过我觉得她需要帮助，你应该去帮她。

团队成员 1： **[在后面喊道]** 如果你挂电话，我就炒了你！你要是拿不到工资名单，下周谁都拿不到工资！

团队成员 2： **[非常紧张地说道]** 哦，Steve，我必须得先拿到账户，然后 Sarah 才肯让我把她送去医院。

惊人的是，Steve 就这么把账户号和所有我们需要的信息给了我们。

有意思吧？那当然。是操控吗？当然是了！但公司要求我们搞清楚其电话客服能否经受住可能来自现实中的“黑客”的恶意攻击，而我们也有了机会来证明什么操控原则会对这些客服人员有效，以及什么原则无效。

你可能会问我在什么情况下应该运用操控，对此我还无法给你列一个清单，但我已经讨论了一些准职业社会工程人员或已经成为职业社会工程人员的人需要考虑的事情。你要运用操控吗？如果是的话，将在何时运用？运用到哪种程度？

影响和操控中的相同原则适用于大部分并不具有反社会人格的人。但我发现，在运用操控手段后，让无辜生命救助基金会的同事们多多袒露心声会是不错的选择，这对确保他们情绪稳定、减少心理上的负面压力是大有帮助的。基金会有一名全职心理学家，专门负责确保我们的伙伴有一个安全健康的环境，以便他们卸下负面情绪带给他们的心理重担。

6.10　小结

本章最重要的一点就是，你是人类（像我一样）。影响原则奏效的方式朴实而又简单，它能作用于你的目标，同样也能作用于你。无论你怎么努力，都无法阻止影响对你起作用。

恰当地使用影响原则，能为你带来很好的回报。它能改变对方与你相处和互动的方式。当你将影响与建立融洽关系的技巧融会贯通时，你将所向披靡。

人们会想要告诉你关于他们的一切，会信任你，会成为你的朋友，并帮你走出困境。这种力量太强大了，一不小心就会令你冲昏头脑，导致你滥用这个能力。

要时刻提醒自己，牢记自己的从业初心。我经常会对自己说以下几句话。

- 我是为了确保客户的长期安全，才从事这项工作的。
- 我是因为擅长这项工作，才从事这项工作的。
- 我是为了帮人们识别这些危险信号，才从事这项工作的。
- 我是为了家庭和员工的生计，才从事这项工作的。

这些责任对身为职业社会工程人员的我来说，分量很重。它们让我在做出决定时，能够充分考虑客户、员工和我自身的利益。

本章中探讨的影响和操控的原则，每天都被营销人员、广告商、推销员、募捐或招聘的组织，以及参与其中的每个人所使用。所以我们何不用同样的规则来帮助客户了解那些狡猾的骗子或社会工程人员有多危险呢?

请你花点时间多读几遍本章的内容，然后每次选一条原则来实施。当你掌握这一原则后，它将成为你社交工具箱中的一部分，成为让你变成更优秀的社会工程人员的另一大利器。

我还有两件利器要传授于你。下一章中，我将着重讲述我在前两章提及的技巧：框架和诱导。

第 7 章
构建你的艺术

艺术与科学的方法是相通的。

——爱德华·乔治·布鲁尔–利顿伯爵

请短暂回顾一下我的第一本书《社会工程：安全体系中的人性漏洞》中的艺术主题，以明确本章的重要性。当你制订好交流方案，设计好伪装身份，掌握了如何与他人建立融洽关系和施加影响的技巧，准备好开始行动时，你还需要能够将这一切付诸行动。这正是艺术与科学的相通之处：框架与诱导。

正如 18 世纪的英国政治家与小说家爱德华·乔治·布鲁尔–利顿伯爵（Earl Edward George Bulwer-Lytton）所说，艺术与科学的**方法**是相通的，有时甚至是交叉的。本章将探讨职业社会工程人员如何富有艺术性地学习诱导和框架，同时又不失科学的准确性。

我刚开始在后厨工作时，主厨（我的老板）递给我一包芹菜并说："把这包芹菜切成丝。"作为一个新手，我完全听不懂他的意思。等待了对我来说相当漫长的几秒钟后，他说："你根本不明白我在说什么，是吧？"

我点了点头。然后主厨就打开包装，不到 60 秒，芹菜就变成了图 7-1 中的样子。

图 7-1　切成丝的芹菜

“啊，原来是切成细条状。”我恍然大悟，感觉自己好像是全天下最聪明的人。然后我开始在主厨眼皮子底下切第一根芹菜——仔细而缓慢。他说：“很好。你再这样切两包。”

有了信心以后，我尝试模仿他的切菜速度。为了避免引起一些胆小的读者的生理不适，我就不把那些桌上芹菜和手指混在一起的照片发出来了。

你可能还在好奇这个故事和本章主题有什么联系。烹饪是一门艺术，但它的背后也有着工具使用的科学——刀具的使用方式能决定你的厨师生涯的成败。对厨师来说，了解把食物做成美味的艺术非常重要，了解如何以提升菜品为目标来准备食材（切到的手指部分就算了）亦然。准备食材的艺术与搭配食材的科学相结合，方可创造出完美均衡的菜品。

说明　下厨房时我经常切到手指，结果这几年下来，它们看上去就像是科学怪人的杰作。但作为一名厨师，无论是职业的还是出于兴趣爱好，我从未把自己手指的任何部位当成菜端给客人过。只是特地提一下，以免你多想。

本章将向你展示如何将框架与诱导的艺术与科学相结合，从而让你将前 6 章中所学的技能融会贯通、运用自如。如果你能恰当地应用本章中的知识，你就应该至少获得社会工程的“米其林一星”了。

7.1 框架的动态准则

现在想一下你的房子或公寓的外形。从外面看，是否有一个房间外墙相比较而言更为突出？是否有一间形状不规则，或者为普通矩形的日光室？它的外观——比如哪里是墙，哪里是窗户，哪里是门等——取决于房子最初是如何构造的。也就是说，你所看到和感知到的房子是以其框架为基础的。

沟通中的框架也与之类似。我认为框架，或者说一个人对特定情景的观点与反应，很大程度上是以其毕生的经历和认知为基础的。框架会随着阅历的增加而发生改变。

冲浪和滑板曾是我 16 岁时的生活重心。在我心中，其他事物都不值一提。而那个时候，一个有关“框架是动态的”的实例就出现了。

一天，我跟几个朋友将冲浪板装在了两辆车的行李架上，半夜三更驱车从西海岸的佛罗里达州驶向东海岸。因为我们听说在那边暴风雨即将来袭，所以想去赶上一场巨浪。

我们到达时大约是早上 5 点。这时离日出应该还有一个半小时。我们卸下所有的冲浪板，整装待发。这时距离天亮到足以让我们看清周边还有 30 分钟，但 16 岁的我们已经急不可待了。于是，我们决定摸黑划着冲浪板到浪区，这样当太阳升起的时候，我们就能赶上第一波浪头。我们能听到大浪拍打海岸的声音，也依稀勾勒出某些巨浪在远处平息的景象。

于是我们六人一个个地冲进浪里，依次踏上冲浪板。我们坐在水里，载浮载沉，等待太阳升起。每过几分钟，我们就会听见像是巨大的猎枪开火的声音。

我们什么都没想，因为这声音听起来很遥远，也没那么恐怖。可我开始闻到一股刺鼻的味道，于是我看向我的一位朋友，问：“喂，这是赤潮吗？”

赤潮是在一年中的某一时期，藻类大量繁殖，会杀死鱼类和其他所有生物，而且会散发难闻的气味。而我的朋友却说：“不，还没到时候，我也不确定是什么……”

几分钟后，太阳完全冲出了地平线，适宜冲浪的美丽的浪头也展现在我们眼前。我们还看到一群渔夫站在离我们非常近的码头上——正在诱捕鲨鱼！我们刚刚听到的猎枪声，是渔夫们把鲨鱼钓上来后开枪杀死它们的声音。于是我和我的朋友们待在鲨鱼诱捕区里，感受着一种近乎愚蠢的幽默，对刚刚遭遇的危险报以大笑。

我低头看到冲浪板下出现了一片巨大的黑影。我向来不擅长估计尺寸，所以无法告诉你它的准确长度，但我敢保证，它肯定比我的冲浪板大。

我和我的朋友们笑得更厉害了。我们划出鲨鱼诱捕区，又赶上了几次大浪。那时只有 16 岁的我，参考框架就完全只与冲浪有关，而对鲨鱼所带来的危险并不在乎。

而大约 30 年后的今天，当我想起当时的场景时，我的参考框架自然有所变化。虽然远离了水、鲨鱼诱饵以及冲浪，我依然感到后怕。当我还是一名 16 岁的冲浪少年时，我无所畏惧，冒险是我生活的一部分。如今，我已是两个孩子的父亲和一名企业家，我的求生欲也变得旺盛，那遍布诱饵、鲨鱼横行的水域会带给我天然的恐惧感。而这种恐惧，让我恨不得造一台时光机，回到过去狠狠地教训我自己一顿。

我的生活经历、我的年龄和我的内在特征共同构成了框架。这一点至关重要，不可忽视。**框架是动态的，不是静态的**。

框架是我们的大脑运转的一个特征。比起事物本身，我们的大脑更倾向于对事物的背景做出反应。请看下面几个例子。

- 月亮在地平线上时比在头顶上方时看起来更大，这是因为我们的大脑会对物体的背景（位置）做出反馈，尽管月亮在这两个位置的实际大小是相同的。
- 我们不会说自己把宠物狗执行了安乐死，而是会说让它们安眠了。这个框架能帮我们应对痛苦。
- 1974 年，Elizabeth Loftus 在一项研究中展示了框架的作用，她采用的方法是改变句子中的一个单词。在给被试者展示了一段车祸视频后，她会提出以下两个问题中的一个。

    - 这两辆车在相遇时，速度有多快?
    - 这两辆车在相撞时，速度有多快?

    相比于第二个问题（使用“相撞”一词），人们对第一个问题的回答往往会给出更慢的速度。

    而在一项由 David A. Snow、E. Burke Rochford Jr.、Steven K. Worden 和 Robert D. Benford 于 1986 年开展的题为“Frame Alignment Process, Micromobilization, and Movement Participation”的研究中，研究人员定义了框架的以下四个不同方面：

- 框架桥接
- 框架放大
- 框架扩展
- 框架转换

我希望你能从社会工程人员的角度思考**框架桥接**。在你接近一家公司时，发现了一名保安，他的框架是把任何不属于此楼的人拒之门外，而社会工程人员的框架则是进入这栋大楼。

如果社会工程人员走到保安面前说“嗨，我想进去随便参观一下”，是不会有什么好结果的。即便你是渗透测试专家，如果你说“我是渗透测试专家，想测试一下你的公司来修补安全漏洞。让我进去吧，这样我才能测试你的服务器”，也同样无济于事。

那么，该用什么在你的框架和保安的框架之间进行桥接呢？你能用前文中提到的知识来做到这一点吗？图 7-2 给你提供了一条线索。

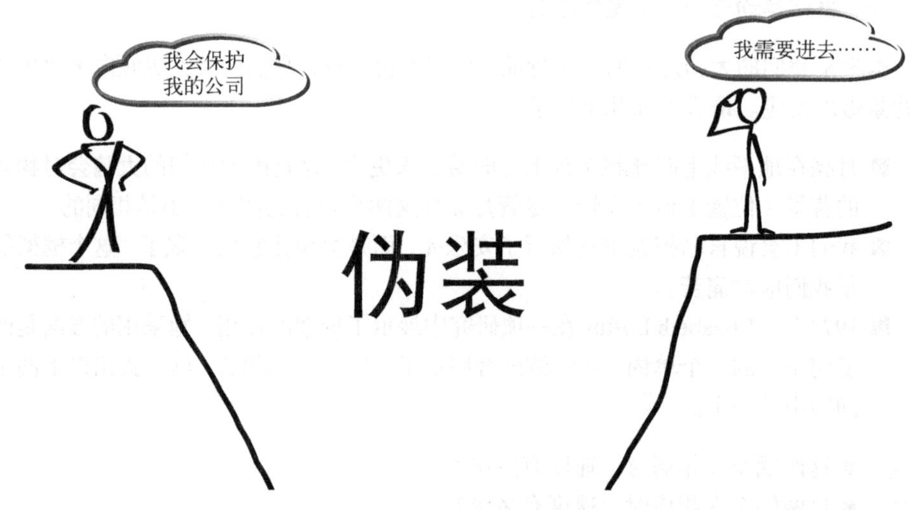

图 7-2 伪装身份构建了框架之间的桥梁

伪装身份能建立桥接，帮你改变目标的框架，使其更容易接受你的言论和行为。你在伪装身份中设计的所有细节——随身携带的物品、你的外貌等——都会让框架变得简单，但还远不止于此。

2004 年，George Lakoff 在《别想那只大象》一书中定义了框架的四条准则。这四条准则对了解这门艺术至关重要，我也将它们应用到了社会工程中。

7.1.1 准则 1：你说的每句话都会触发框架

为了清楚地掌握这条准则，首先你需要理解我们的大脑是如何把事物可视化为图像的。出色的教师及叙事者会用语言来帮你描绘故事中的要点。下面的例子展示了同一事件是如何能被描述成两则不同的故事的。

故事 1 当我坐在冲浪板上时，我看到一排巨浪向我袭来。我躺下来，赤脚踩着水，可巨浪扑了过来，把我打到水下，我不禁想知道那条鲨鱼究竟有多大。

故事 2 我向地平线远眺，太阳刚露出一点轮廓，阳光不仅照亮了水面，也温暖了我的脸庞。我看到一排波浪，它像一列满载货物的列车向我袭来。它的速度和体积将它的力量一展无余。充满泡沫的浪头凶猛地冲向我，就像一头愤怒的雄狮。

我躺在冲浪板上，迅速转了个弯面对海岸，调动我肩部的每一根肌肉纤维奋力地划着水。尽管那是液体，我却在每次用力时都感觉自己像在翻搅水泥一般沉重。

我的冲浪板被浪头拦住，就像被超能力攫取了一般。只过了几秒钟，我的姿势就从站立变成了在浪中颠簸。当我的冲浪板在浪头飘摇时，我仍努力地想要站起来。当我转过身时，我只看到浪头像某个监工愤怒的铁拳一样，即将直直地砸到我的脸上。

巨浪从我头上扑过后，我被拍到了水下，只能凭空想象那活导弹一般朝我冲来的鲨鱼。我在恐慌和害怕中挣扎，极力想要往上游，最后终于探出了水面。我紧张地抓住冲浪板，划到了岸边。

以上两则故事描述的是同一件事。哪一则故事让你脑海里真的出现了画面呢？哪一则故事让你觉得仿佛身临其境呢？

答案很明显：故事 2。这就是本条准则如此重要的原因。有时候，我们日常用语的措辞能让人脑海中产生画面，而这些画面可能会冒犯到目标。作为一名职业社会工程人员，我发现，如果我放弃使用可能得罪他人的用语，而使用非冒犯性的语言，我不仅会更容易成功，还会拥有了更多的回头客。

为了保证 13 岁以下的未成年人也能阅读此书，我不会在此列举太多有冒犯之意的措辞，但仍需列出一些常规的你需要避免的内容。

- **种族歧视** 就算是开玩笑，也不要涉及种族歧视。这并不好笑，甚至还会被人视为无知。
- **性别或基于性别的歧视** 这些歧视和种族歧视会起到一样的效果——它们是无知的代名词，而且还会毁掉融洽关系。
- **脏话** 我发现即使我的目标语言粗俗，考虑到那些正在监听我们对话的人，我也会避免自己使用和对方同样的措辞。而且我的这种做法往往能非常有效地改变对方的措辞。

生理机能　与此相关的措辞可能会引发强烈的不适，所以应该避免。

想想你平时的措辞，判断它们会使目标产生哪种情绪：愤怒、惊讶、恐惧、厌恶、轻蔑、悲伤，还是高兴？再判断这些情绪是正面还是负面的。如果你的措辞会引起目标的负面情绪，并产生破坏性的效果，那你就需要谨言慎行。

7.1.2　准则2：通过框架定义的文字能唤起框架

一天晚上，我步入走廊，透过灯光在角落的网上发现了一只小生物，它正用丝线把一只昆虫缠绕起来，以便稍后享用。

我向你描绘了什么样的画面呢？可能就像你在图7-3中看到的那样。

图7-3　如果你还没猜出来，那我告诉你吧，它的确是一只蜘蛛（图片由artyangel提供）

重点是，我没用“蜘蛛”这个词就让你想到了“蜘蛛”。我只需描述一下蜘蛛的特征，你的大脑就自动描绘出了它的样子。

作为一名职业社会工程人员，我可以通过伪装自动让你“明白”我来这里是做什么的。我也可以不使用威胁手段，而是通过描述一个情况来引出恰当的情绪框架。

有一次，我给一位客户发了一封测试邮件，内容如下。

> 1月4日，您的车闯了XCV431号红灯，已被拍照。罚单应付款项尚未缴纳。拖欠罚款将给您带来不良影响。
>
> 您可以在我们的安全网站（注：此处有链接）提出申诉或核实付款。

（安全起见，链接已经删除。）注意，我没有威胁说要逮捕他。也没有威胁说要开出巨额罚款。我只是用文字描绘了一个画面，激起了对方的好奇心和恐惧，然后用一个解决方案给了他一些希望。（没错，他单击了链接。）

7.1.3 准则 3：否认框架

请想象以下的画面：我的学生接到任务，要获取某人的一些个人信息——姓名、出生日期和个人简历等。虽然这名学生因为我在一旁观察而有些紧张，但他们的对话进行得很顺利，一分钟过后，他们就聊到了下面这种程度。

学生：哇，感谢你的帮助。我在想给她买什么礼物好呢，你真的给了我一个很好的建议。**[这名学生高度认可了对方提出的，有关送给他妻子什么生日礼物的建议。]**

目标：没问题。那，我得…… **[她想告辞，但被学生打断了。]**

学生：[伸出一只手]我叫 Tom，Tom Smith。**[他以一种温柔而自然的语调，引出目标的名字。]**

目标：啊，认识你很高兴，Tom。我叫 Sarah。

学生：认识你很高兴，Sarah。你姓什么？

目标：呃，为什么你想知道这个？

学生：哦，不为什么，我就是好奇。那，你过生日的时候会做什么呢？你是七月出生的吗？

目标：嘿，Tom，认识你是很高兴，但我不太想告诉你这些信息。不好意思啊。

学生：没事的，Sarah，我又不是要**窃取信息**！

听完最后一句话，目标就远离了我的学生，看了看表，丢下一句“我要迟到了”就离开了。

我的学生犯了什么错呢？这便是我们所称的**否认框架**，也就是说，如果你提到不想让目标想到的事，就会让目标更容易想到那件事。

当你作为一名职业社会工程人员，与目标交谈的时候，你不希望对方想到的事情是什么？是不是**窃取信息**？

如果你不希望他们想到这回事，就别说下面这些话。

- “我不会用它来攻击你的！”
- “我又不是要入侵你的系统！”
- “我绝不会给你发钓鱼邮件。”
- “我不是骗子！”

上述这些都是否认框架的例子。一旦以反面的方式提到框架，就是在否认框架。你还记得图 7-2 吗？目标的框架是要保护公司。

你要想办法用你的伪装、着装或其他工具来增强你的框架，这样才能避免目标内心产生疑问。

7.1.4　准则 4：让目标想起框架能强化框架

一旦我们让某人想起某个框架，我们就强化了那个框架，无论那个框架是什么。举个例子，父母可以选择对孩子强化积极的框架或消极的框架，举例如下。

- “你真笨！”
- “你缺乏运动细胞。”
- “你什么都做不好吗？”
- “你真是漂亮又聪明！”
- “你只要用心就什么都能做到。”
- “我知道这很难，但我也知道你能做到！”

作为一名职业社会工程人员，你可以通过语言、着装和你选择的伪装来强化框架。

在我们公司进行的一次电信诈骗测试任务中，我们伪装成了 IT 部门的员工，假装在前一晚发现门禁系统崩溃，任务目标是获取目标公司员工的姓名、出生日期、员工号及其他细节。对话如下。

目标：　　我是 Bob。有什么能帮到你的？

测试人员：你好，Bob，我是 IT 部的 Paul。昨晚我们的通行证系统出现了崩溃错误，大约 100 个账户无法使用。而你比较幸运。今天你进楼的时候有什么问题吗？

目标：　　没问题，它能正常使用。请问你是？

测试人员：我是 Paul，IT 部门的 Paul Williams，是 Tony R 的同事。我只耽误你一分钟。你也知道，我们的通行证系统与工资挂钩，所以我们不想耽误故障的修复。

目标：　　嗯，没错。那你需要什么？

测试人员：我需要验证你的全名。你能把你的姓拼一下吗？

目标：　　呃，你认真的吗？我的姓是 S-M-I-T-H，不难呀。

测试人员：哇，幸亏我打给你了，IT 部门的 Robert Jones 记录了这个分机的问题，这个问题肯定会影响工资发放的。我想，当算法运行出现崩溃时，会重新链接数据表，还会让数据库计数器错位。**[我知道这些都是胡说八道，但我还是赌这个会计部的 Bob 不是一个极客。]**

目标：　　是，我也不想其他人拿到我的工资条。我们来检查一下吧。

随后，我就用一系列精心设计的虚假描述和正向强化，得知了他的姓名、出生日期、员工 ID，甚至还有社会保险号的后四位数字。我的言辞和伪装都强化了我的框架，因此让目标更容易接受。

让目标通过你的开场白来记住你的框架，也就自然要用到接下来这一节要讲的内容——诱导。

7.2 诱导

你是如何定义**诱导**的呢？

我的定义是“未经索求便获得了你需要的信息”。不论是看上去还是听起来，诱导实质上就是一段对话。熟练的诱导者在对话中会将话题引向某个特定的方向，从而在不明确索求的前提下就能够获得信息。

诱导有其天然的准则和原则，这是其能够成功的内在因素。每一条准则或原则本身就是一个动力源泉，如果能将它们组合起来，你就可以掌握交流的艺术。对一名职业社会工程人员来说，这可以让你成为更难对付的角色。

在我带领你学习诱导的四条准则时，请记住这个重点：如果你做得正确，那么诱导就像是你与目标之间的一次轻松、平常的对话。

7.2.1 迎合自我

在第 5 章中，我探讨了“暂时放下自我”的原则，而目前我们则要探讨与其恰好**相反**的一条原则。不过现在，你要专注于目标的，而非你自己的自我。

什么是自我（ego）？自我在《牛津英语词典》中的定义是：一个人的自尊感或自负感。理解这一点非常重要，因为当我们听到这个概念时，我们可能会下意识地假定我们应该去膨胀目标的自我，但这并不是我要表达的意思。我的意思是，你必须迎合目标的自我。

要想迎合目标的自我，你要同时满足以下三个条件。

- 必须真诚。
- 你和目标之间必须有恰当水平的融洽关系。
- 必须符合事实。

假设你我从未谋面，而我现在却直接走到你面前对你说："哇，你怎么这么好看！"然后尝试与你交谈，你会怎么想？很可能会像下面这样。

- "真可怕！"
- "你想干什么？"
- "呃，这是什么骗术？"
- "我当然有魅力了。请你走开！"

无论当时你在想什么，这种对你的自我的迎合不够真诚，不切实际，与你我的融洽关系水平也不相符，所以其诱导效果也必然好不了。

下面讲一个关于我妻子的真实故事。她是我见过的最好的诱导者之一。那是我们在纽约的时候，我带她和家人去看我"曾战斗过的地方"。当时，我们正在去往市郊的地铁上。如果你坐过地铁，就会知道地铁上的人们都喜欢自己待着。他们既不粗鲁，也不友好。每个人都来去匆匆、精神紧张、身心疲惫。每个人只关注自己的事情。

我妻子坐在一位年事稍高的非裔女性对面，她看起来想在下车之前小憩。而我妻子靠向她，抓住她的围巾感受了一下材质，说道："哇，真的漂亮又柔软！我能问问你是从哪里买的吗？"

在纽约的地铁上，我妻子的这一举动，超越了个人、种族和空间的界限——她们在短时间内变成了挚友。为什么呢？迎合自我究竟是怎么一回事？

我妻子不仅认可了这个女人对服装的选择，还问她从哪里可以买到。她并没有在欺骗对方，而是真的对此很感兴趣，她的真诚也溢于言表。

多亏了这些，她们只聊了 20 分钟，我们就知道了在纽约哪里能买到好衣服。虽然因为要多花钱而有些许烦恼，但我不得不为我的妻子而惊叹，也在观察中跟她学到了如何成为一名诱导大师。

那么，你如何才能成为像她那样的诱导大师呢？秘诀是什么？下面是几个提示。

- 她真的热爱他人，也对他人感兴趣。
- 她的意图是无私的。
- 她很可爱，笑容也很灿烂。

可如果你不热爱他人、不友好、不可爱、不爱笑，也不是像我妻子一样娇小可爱的女子呢？

首先，你要从练习观察他人开始，比如说你的家人。你明天下班回家的时候，注意这些事情：你的女儿洗碗了吗？你的儿子倒垃圾了吗？他们做完作业了没？你的妻子是否也度过了漫长又充满压力的一天？

试着说一些简单的话，比如“哇，我注意到我回家的时候，你已经把碗洗好了，谢谢你！”或者“嘿，亲爱的，你看起来很疲惫。今天还好吗？”

然后看看会发生什么。对方的肢体语言会变得温和，然后他们会敞开心扉，变得更友好、更健谈。这是为什么呢？这是因为你认可了他们，吸引了他们的自我。

拿家人练过手之后，你可以出门对陌生人试验一下。这时难度会增加，你需要在不让人害怕的前提下观察对方，凭借你在第 5 章中学到的知识接近对方，然后开始吸引他们的自我。

请想象这个场景：你在星巴克排队时，站在你的目标身后。他是一名 34 岁的高大男性，衣着整洁，风格年轻又带点书生气。你看到他拿出一部最新款 iPhone 开始发消息，此时，你应该怎样迎合他的自我，展开和他的对话呢？先想一下，再继续往下读。

我会这么说：“不好意思，我看到你也在用 iPhone，我正打算换一部呢。你觉得它用起来怎么样？”

如果他刚花了 1000 美元买这部手机，那么他一定会给出一些评价的。无论是怎样的评价，你都可以给出认可，然后这样吸引他：“哇，你真的帮了大忙。我从来都不擅长做这种决定，你让这事儿变得容易多了。我叫 Chris，Chris Hadnagy……”我边说边伸出手与他握手。

对话就这样开始了。

7.2.2 共同利益

当今世界有很多热门话题。其中一些似乎不仅会造成社会分裂，甚至会导致一些地区冲突。有些极端的话题会使持不同意见的人发生暴力冲突。

对一名职业社会工程人员来说，重要的是不仅要理解上述这一点，而且要能够放下自身的想法，在这些热点话题中找到利益共同点。

下面我以我的一段亲身经历为例，但我不会告诉你我所持有的立场。请你自我代入一下当时的情况。

在一次执行任务中，我走进一幢准备潜入的办公大楼的大厅，发现一群人正围着一台电视机。电视新闻正报道着一起恐怖事件——发生了校园枪击案。孩子们死伤惨重，开枪者也饮弹自尽。真是太可怕了。

一个男人说："如果我在那儿的话，就会拿出我的枪，在凶手打完第一轮子弹之前就送他归西。"

另一人回复道："这就是问题！就是因为枪太容易买到了，所以这种事情才持续发生！"

人们的意见明显开始出现分歧，而且明显形成了两个阵营。大家各持己见，唇枪舌剑，气氛也变得愈发紧张。其中一位女士抬头看到了我，还没问我是谁就说道："你看那个新闻了吗？太可怕了。"

我答道："我是进来才听说的，听起来真的好可怕。你有亲戚朋友住在那一带吗？"

"没有，谢天谢地，"她答道，然后紧接着又说，"不过还好，Bill有法子了——他要给所有国民分发手枪，这样我们就能回到西部荒野了。"

Bill看上去开始生气了："我们也可以用你的办法，在别人杀害我们的孩子的时候，坐在旁边连唱诵带祈祷。"

糟糕！情况不妙了。我意识到这不是以职业社会工程人员的身份出现的时机，但我可以试着缓和事态。因为两派人都把自己的看法丢给了我，所以当Bill说完话的时候，双方都瞪了对方一眼，又瞪向我，简直就像在说："那么，你站哪一边？"

我知道，无论我选择哪一边，都会得罪另一边的人，于是我说道："唉！我的天，这些家庭太可怜了。我自己也有两个孩子。如果哪天有人告诉我孩子出事了，我无法想象自己该如何面对。真是悲惨的一天啊。"

那一刻分歧突然就弥合了，隔阂消失殆尽。这些人面面相觑，突然想起这个话题其实与是否支持禁枪无关，而与孩子们的人身安全相关。无论支持禁枪与否，都没有关系——孩子们在校园遭受枪击才是我们一致认为可怕的问题。

当你的任务是对某人或某个群体执行社会工程任务，而话题可能颇具挑战性或对象并不合你心意时，不妨寻找你们的一致之处。总会有那么一个共同点，让你能借此开启一段对话。

上面的例子比较严肃，但其技巧在小事中也适用。一般来说，下列话题能在你展开一段对话时帮你找到共同点。

- **天气** 尤其是天气异常的时候，比如暴风雪、大雨、异常高温或极寒天气。天气能成为迅速破冰的开场白。
- **科技** 如果你看到目标持有某种数字产品（如手机、笔记本计算机、智能手表），向他们寻求这方面的建议是让对方开口的好方法。
- **孩子** 只要你在融洽关系达到恰当水平的时候提出这类问题（只要问的是关于所有孩子的常见问题，而非关于对方孩子的特殊问题），对方就一定会有很多话想说。
- **宠物** 人们都很爱谈论他们的宠物（还会分享宠物照片）。
- **运动** 虽然不是所有人都喜欢运动，如果你发现有人穿着某个队的运动衫或戴着运动帽，那么这就是一个绝佳的话题。只要你不说“啊，达拉斯牛仔[①]的‘粉丝’吗？哦，打扰了”之类的话就行——这可不是一个好的开场白。

我建议你避开诸如政治、医疗、宗教，以及其他涉及个人选择的话题，或任何涉及暴力的新闻话题，因为这些话题会在你和你的目标之间制造巨大的分歧。

请你通过对目标及其周围环境的观察（OSINT 或实际观察），找到可以覆盖共同兴趣的话题，然后用该话题展开对话。

7.2.3 刻意虚假陈述

刻意虚假陈述原则十分强大，你必须试试看。试想当你在杂货店时，听到排队的某个人说了句你明知错误的话，你会怎么做？

当被一个陌生人纠正时，人们的反应真可谓是五花八门。有的人甚至嗤之以鼻（发出类似“呵”或“哦，对”的声音）。

为什么会这样？因为我们有保持正确和纠正错误的需求。当我们听到一些我们“知道”不对的事情时，我们都会纠正它，虽然第一步可能只停留在想法上。然后，根据我们的身份、所处环境和对话题的感兴趣程度，我们可能会把脑海中的想法说出来。

① 达拉斯牛仔队是一支位于美国得克萨斯州达拉斯市的美式橄榄球队。——译者注

下面的这个例子展示了这一原则的惊人效果。我和Robin Dreeke坐在一家餐厅里，打算用一段对话看看故意虚假陈述的效果如何。那是一家小型餐厅，餐桌之间距离不大，因此只要用餐者想，就能听到别人的谈话。

Robin大声说道："嘿，你看《泰晤士报》上的那篇文章了吗？说超过80%的人会把生日作为ATM密码。"

其实并不存在这样的研究，Robin提到的那篇文章也是杜撰的。而且从良心上讲，我也希望这个统计根本不对。

我插话道："不对，我用的就是我妻子和我的生日组合，是0411。"

Robin说："我觉得没错，因为我就是这样的。"

然后我们都沉默了几秒，而恰好在这个时候，隔壁桌的夫妇看了过来。丈夫说道："我一直跟她说不要把生日作为密码，可她说那样好记。"令人吃惊的是，他的妻子接着说："你肯定不会记不住0660，对吧？"

哇，这个女人是刚刚告诉了我们——餐厅里两个彻头彻尾的陌生人——她的密码吗？我真希望事情到此为止，可并没有！另一边的男人转向和他一起的女人，并说："你用哪种密码？"

而她不假思索地答道："我的银行让我设置6位密码，所以我一般会用我女儿的生日：031192。"

无意中看到这一切的女服务生也说："我的银行让我用一个真实的单词，我是用键盘输入的。用的是我儿子给他第一只宠物取的名字Samson。"

而我坐在一家公共餐厅里，收集着每个人的出生日期和宠物名字。可怕的是，还有因为一句故意的虚假陈述而引出的银行卡密码。

我太喜欢这条原则了，以至于我开始到处使用它和教别人用它。我教过的一个学生甚至给我上了一课。我在课堂上讲了这个故事，然后他说："哇，我有个想法，我想尝试一下。"

过了一会儿，我就看到他进入人群，和一些目标互动了起来。他走向一位坐在桌边吃一碗草莓的女人。他没有自我介绍，也没有和对方建立关系，就展开了下面的对话。

学生：嘿，你喜欢草莓，肯定是2月出生的！

目标：呃，不是，我其实是7月出生的。

学生：哦，是 4 日吗，放假那天？

目标：不是，11 日。为什么这么说？**[她疑惑地看了他一眼]**

学生：那好吧。再见。

然后他走开了。我说："你绝对不可能再成功的。"可他紧接着走向另一个完全陌生的人，又使出了那套无比奇怪的刻意虚假陈述，而人们无一例外地把信息暴露给他了。

这个方法的缺点是没有建立融洽关系，所以在对话结束后，他的目标会一头雾水，不明白刚刚发生了什么，自然也不会"因为认识他而感觉更好"。

请遵从以下指导，谨慎使用刻意虚假陈述。

- 过多使用刻意虚假陈述，会让你看起来很无知，从而让目标对你失去信心。
- 不要混淆刻意虚假陈述和否认框架。如果你不想让目标意识到"窃取信息"，就不要在你的刻意虚假陈述里提到这个词。
- 在你与目标建立起一定的融洽关系后，使用刻意虚假陈述会产生更好的效果。
- 刻意虚假陈述必须听起来合乎逻辑。如果那个学生对那个女人说："哦，你喜欢草莓——你肯定会驯龙。"那他就没法接着说下去了，对方会觉得很困惑，压根儿不会想要去纠正他。

我真的希望你能挑战一下，试试刻意虚假陈述。你会惊叹于它的效果，获取意想不到的信息量。

如果你走到一名陌生人面前，向他询问密码、出生日期或其他私人信息的话，对方（通常）会立刻对你全面警惕。可如果你运用刻意虚假陈述，你就能通过一段对话来得到这些个人细节信息。

虚假陈述外加交换物

我在一次诱导中试了那位学生的方法，效果出奇地好。然后我说："啊，8 月 12 日。真有趣，我姐姐也是 8 月出生的。"

提供一些交换物能让刚刚在诱导中暴露了信息的目标感到安心。于是我又补充道："我奶奶以前常说，8 月出生的人更有艺术气息和创造力。你有什么音乐天赋吗？"

女人轻笑道："不，我更像一个数学极客吧，所以我做了会计。我觉得奶奶辈的人说的话也不全对，是吧？"

我说："哈，我也觉得，别告诉她哈，不然我那意大利的奶奶会揪着你的耳朵吼你的！"

女人回道："哦，我能想象。我们一家是从爱尔兰迁来的，我们一般直接开打，不掐人。"

"哦！听起来……呃……挺有趣的。那你有没有一个听起来很爱尔兰的姓？"我以为这能让我继续获取到更多个人信息。

"不会有人比我的名字更爱尔兰了——我叫 Mary O'Donnell。"她以爱尔兰式的轻快语调说道。

我回答道："哦，你的小口音好酷！可惜我除了粗话之外，已经一句意大利语都不会说了。"

"那还是迟早能用到的。"

注意，我用一句刻意的虚假陈述和一些交换物，就获得了这位女士的全名、出生日期、职位概述和其他有关她的个人生活及家庭的细节。

7.2.4　掌握知识

别把掌握知识和无所不知混为一谈，二者是截然不同的。掌握你和目标要谈的话题的相关知识会对你的诱导大有裨益。又到了讲失败的故事的时候了，这次是我在工作时的一次失败经历。

我的公司接到一个任务，需要潜入一所大学的服务器机房。我们在观察服务器机房所在建筑时，注意到有一名教授会在每天早上7点走进大楼。那时楼内没有任何其他员工，所以我们觉得这是一个潜入的绝佳时机。楼内的门全部使用 RFID 门禁，但因为这是一次社会工程任务，所以我们认为应该先从人类角度来尝试。

我们对那位教授进行了 OSINT，发现他写了一篇与量子物理学相关的文章，里面夹杂着一些我不了解的术语。凭借我过人的智慧和技术（此处为强烈的讽刺意思），我记住了论文的题目，并打算在第二天接近那名教授。

我计划在他快速走向那幢大楼时，和他就这篇论文展开一段对话，然后我们就一起走进大楼。当我们分道扬镳之后，我就能闯入服务器机房了。

我开口道："早上好，先生。我叫 Paul Williams。您是 Smith 教授，对吧？"

"没错，我是。有什么事吗？"教授在问的同时并没有停下前往大楼的脚步。

"我想问一些您写的有关量子物理学的文章的问题。"我毫不费力地将他那文章的题目脱口而出。

他顿了顿，说道："好，你有什么问题？"

哦不！我的大脑飞速运转起来。我怎么没想到这一步？我们还在往大楼走着，但现在那幢楼仿佛已在我千里之外了。我真的很努力地在脑中搜寻一个充满智慧的问题，而我最好的回答却是："呃，你为什么要写这篇文章呢？"由于犹豫，到最后我几乎没声了。

教授停了下来，完全转向了我——这是自我接触他以来，他第一次这么做。然后他说："孩子，我不知道你在玩什么把戏，等你真的读了那篇文章再来找我吧。"然后他转过身去，加快步伐走向了那幢楼的大门。

我当然已经读过了那篇文章，但即使我读上它好几十遍，我可能也无法想出哪怕一个相关的好问题来。或者，我也可以找一个了解这一话题的人，来帮我提一个好问题。可这两种解决方案都并不简单，最简单的方法是采用一种与我的知识面相符的伪装身份。也许我可以扮成一名想去上他的课的学生，请教他我应该看什么文章或读什么书，才能更享受他的课堂。

在接近他时，我应该提前准备好关于这所大学的知识，知道我要上什么课、和哪些老师接触，还要知道学校里有什么项目。掌握这些知识并不是说我必须用到它们，并在一开始就将其和盘托出，以此来表明我的目的。但是，掌握这些知识可以让我的说话方式和言论内容更加可信。当我被问到"你现在在上什么课"之类的问题时，我就能回答自如，并显得可信。

你越显得可信，目标就越容易相信你的伪装。

7.2.5 运用提问

提问是对话天然的组成部分。从我们开口的那一刻起，我们就会用提问来发送和接收数据。所以理解 4 种不同的提问方式，以及如何运用它们，对一名好的诱导者至关重要。这也是下一节将讲述的内容。

提问很强大。当我们听到提问时，大脑就会开始构思回答。即使我们永远也不会把答案说出来，我们也会构思一个答案，这是不受我们控制的。

通过巧妙地提问能让目标在对话中更加投入。老练的社会工程人员能够运用各种提问方式诱导目标给出信息，并引发其相应的情绪。

为了帮你了解如何在社会工程中运用不同的提问方式，我来讲一个我亲身经历的故事，我称为"办公室行动"。

我此次的任务是潜入一幢办公楼的 16 层，但整幢大楼并非都归属在那一层办公的公司。因此我构想了一个伪装身份，假装公司总部派我来进行突击检查，看看这里的办公室是否遵守消防安全政策（比如保持出口畅通）。

该公司有一些新政策，也曾因为工作环境差而招致一些负面报道，我基于这些OSINT构建了我的伪装。这家公司公开承诺要修复这些问题，也声称对旗下所有分公司下了指令。

我做了一个印有这家公司logo的通行证，顶部带有“安全检查员”粗体字样。然后我带着文件夹板、相机和一些其他工具，从前门进入，直接绕过了安检台。

坐在前台办公桌后面的女人几乎跳了起来，问我：“不好意思，先生，您要去哪里？”

我几乎没有放慢脚步，回答道：“我要去16层。”

“呃，请您停下，我需要您的ID，因为您的通行证不能使用电梯。”

“不好意思，我得解释一下。你叫什么，女士？”

“我是Alicia Smith。”她指着自己的通行证说。

“你好，Alicia。我是16层ABC公司的员工，因为我们的一些办公地点最近出了点事，所以我被派来进行突击检查。员工们都是没有得到事先通知的。你听说过近期关于本公司工作环境的问题没？”

她耸耸肩说：“是，我在新闻上看到了。”

“好，那你应该知道我们惹了多大的麻烦了。你的老板肯定很照顾你，而我们做检查也是为了确保我们的员工得到应有的待遇，但我们必须突击检查，这样才能保证效果。”

“嗯，我理解了。我觉得公司重视这件事还是很好的。我带您乘电梯到16层吧。”如此，我就与我的新伙伴一同走向了安全电梯。

我中途停下，问道：“Alicia，有的电梯上下都需要刷通行证，你们这里的电梯的安全系统是怎样的？”

“哦，我傻了。我差点忘了，我们刚刚安了新的电梯安全系统，上下楼都需要刷通行证。我给你拿一个访客通行证吧。请稍等。”她跑回桌边，给我拿了一个未签名的通行证，然后把我送上了楼。

我在 16 层下了电梯，发现两侧都是玻璃门。我能看到右侧坐着一名秘书，她正疑惑地盯着我。在我朝桌边走去的时候，我知道她会问我一些问题，而我想先发制人，于是我说："你好，我是公司派来的 Paul。"我拿出通行证，在她面前晃了一下，但我不确定我给出的信息是否精确，于是我又拿出笔，指着文件夹板："这是办公室 43211，是吗？"我边指着工单边问。

"呃，是的。Paul，你是来干什么的？日程表上没有你的名字。"她说话的表情看起来非常困惑。

"日程表上不会有我的名字——我是来突击检查的。上个月公司在 OSHA[①]上出了问题之后，我们需要确保我们的办公环境得到了显著改善。你做了会议记录的，对吧？"

她点头表示同意，并说："是，他们让我打印出来，还要给每个人复印一份。"

"好，我可以把第一个框勾掉了，"我翻到第二页，勾掉了一个框，然后又说，"谢谢你！你让我的工作开始了个好头！我要把你的名字记录在遵守规定的员工名单里。你叫什么？"

"Beth，Beth Simons。"

"很好，Beth。你这么用心，我敢肯定你知道哪些地方需要特别关注。我应该从哪里开始？"

她看向一处，说："我觉得我们都很遵守规定，但我也不确定。我不想给任何人惹麻烦。"

"我明白，Beth，谢谢你的坦诚。我得四处查看一下了，结束的时候我会私下通知你。"就这样，我在这个办公区就免于监视了。

1. 开放式提问

顾名思义，开放式提问并不会把被提问者引导至任何方向，而只是让他们根据自己的看法回答问题。开放式提问通常无法用简单的"是"或"否"来回答，而是需要由目标自己来决定给出多少信息。这是对目标的赋权和认可，有助于建立融洽关系。开放式提问不是"这家旅馆附近有好的餐馆吗"这样的问题，而是与"你最喜欢城里的哪家餐馆"类似。两者都是合理的提问方式，但后者能诱导出更多信息，从而让你更全面地对目标进行画像。提问中用到的词会诱发出情绪，这些情绪会影响你将得到的答案。一个开放式的提问能鼓励目标调动起自己的知识、态度、信仰、观点和情绪。

---

① 职业安全与卫生条例（Occupational Safety and Health Act）。——译者注

这些问题的成功，很大程度上取决于职业社会工程人员如何主动聆听和引导问题，从而获得有用的信息。理解这一点很重要，这样你才能在构造伪装的时候，计划与你的伪装身份自然相符的提问方式。请记住，你是为了让目标坦率地谈论对完成社会工程任务的最终目标有用的细节。

专业提示 “让他们多说”的格言与社会工程并不真正相关。我们不希望目标只是说话，而是希望他们谈论与我们的需求相关的信息。

在“办公室行动”的任务中，我多次用到了开放式提问。你可能还记得我问保安Alicia 有关电梯的那个问题，她不仅回答了我的问题，而且还跟我讲了电梯里新安装的安全系统。在这种情景下运用开放式提问，我不仅获得了安全通行证，而且还获得了有关他们安全系统的关键秘密情报。

2. 封闭式提问

封闭式提问会得到简短且狭隘的回答，通常是一两个词。熟练的审讯者往往会用封闭式提问来证实自己获取到的事实。此外，封闭式提问也非常适用于解读非文字信息。当遇到到封闭式提问时，我们的身体语言会在我们开口之前做出回答。绝大多数时候，即使我们说谎，我们的肢体语言也会很诚实。比如，我们可能会耸肩或摇头，嘴上说的却是“好”。

我对我的孩子们用过很多次封闭式提问。比如，我可能会这么对他们其中一个说：“我跟你说过晚上 11 点就该上床睡觉了，可 11 点的时候你真的关了计算机上床睡觉了吗？”孩子明明摇头否认，却仍嘴硬道：“我觉得是。我没看具体时间。”

封闭式提问的一个好处是，它能确保社会工程人员诱导出细节，还能确保得到某些具体信息。运用封闭式提问时，最好先从基本问题开始，然后逐渐深入。基本的“谁”“什么”“哪里”“为什么”和“如何做”都是不错的开始。

在“办公室行动”任务中，我对接待员 Beth 运用了封闭式提问。我问她是否做了会议记录，她不仅点头表示承认，还说了一句“是”。而我用相同方式问 Alicia 是否看过有关 ABC 公司的这些问题的新闻时，她耸了耸肩道：“是。”这种不一致性告诉我，她并不确定自己是否知道这件事。由于察觉到了她的困惑，我便可以加入一些并不完全真实的内容。

3. 引导式提问

我曾收到一条指向一段视频的网页链接。网页开头写着这么一段话：“在这项研究中，只有观察力极强的人和聪明人能数清楚穿白衬衫的人传球的次数。”

我坐在那里想："我是一名社会工程人员啊——地球上观察力最强的人类之一啊，我志在必得！"然后单击了"播放"按钮。

我眼睛一眨不眨，自始至终都盯着屏幕，数着每一次传球。视频播放完毕，关于传球次数的选项展示了出来，当正确的数字出现时，我对着屏幕呼喊："**就是它！**"声音里带着强烈的骄傲。

然后视频继续问道："穿大猩猩服装和芭蕾舞短裙的男人有多少次穿过球场并从另一边退出去呢？"

我完全不相信地大喊："根本没有大猩猩！"毕竟我可是地球上观察力最强的人类之一——社会工程人员，对吧？我不可能错过那么明显的目标。

我从头播放了一遍视频，而令我惊讶的是，一个身高 1.8 米左右、穿着大猩猩服装和芭蕾舞短裙的男人上了场，转了一圈，又从另一边退了场。

我怎么会没看到呢？

答案很简单：引导。我的注意力被导向了穿白衬衫的人的传球次数，而我的大脑就屏蔽了其他信息。

那么，社会工程人员如何运用引导式提问呢？在之前 6.4.2 节的情景中，我引导目标想到了不服从我的命令，阻止我进入 CEO 办公室可能带来的不好的后果。我只把陈述和引导式问题相结合，就做到了这一点："我知道我不在日程表上，Jane，可当 Jeff 度假回来，发现计算机没被修好的话，我们要怎么跟他解释呢？"

除了引导式提问，我还经常在潜入大楼的时候运用错误引导。我有一个前面嵌入了摄像头的文件夹板，夹板上有一个大洞（大约有 25 美分硬币那么大），镜头从中探出，另外还有一个小洞嵌着麦克风。我常常担心目标会发现这些，因此我会把一张工单或其他纸张置于夹板上面，用一支精致的金属笔一边点着纸面，一边说："你看这儿，我是想检查一下发动机的编码的，看看有没有被召回。"目前为止，没人发现我的摄像机，因为我将他们的视线引向别处了。

作为职业社会工程人员，要使用引导式提问，必须提前做好规划，让它们成为伪装身份的一部分。你要提前计划好，如何才能将目标的注意力从你不希望被他们注意到的东西上转移开。

在"办公室行动"任务中，我不希望 Beth 一直盯着我的通行证看。如果它和真的通行证不一样，就会被发现。于是我迅速用我的笔和工单将她引导向了我希望她注意的地方。这种方法很强大，不仅转移了对方的注意力，还让我的说辞更加合理化了。

4. 假设式提问

假设式陈述和提问是社会工程人员通过诱导收集情报的另一种方法。当你获得了一定信息时，你可以据此做出一些假设，并通过提问或陈述来确认这些信息。

这是我在孩子们身上运用的另一个技巧，用来找出不清楚的细节，举例如下。

我：　　你参加聚会的时候，Tammy出现了吗？

我的孩子：他晚点才来的——你不用担心，爸爸。

这段简短的交流让我知道，我儿子参加了聚会，于是我就可以继续从这个方向探寻更多的信息了。

作为一名职业社会工程人员，可以在第一次接触时使用假设式提问，这对于绕开一些特定的语言阻碍有很大帮助。顾名思义，语言阻碍指的是用来阻止他人通行的语言。

在“办公室行动”任务中，我在第一次接触Alicia和Beth时都使用了假设式提问。我假定自己属于我所处的这幢大楼，她们应该知道我在这里的原因，也应该允许我在这里。我没有故作傲慢或愤怒，而只是表现出了一种归属感，就像我清楚地知道自己要去哪里，以及为什么我在那里一样。

7.3 小结

交谈就像洋葱一样，是一层包着一层的。当你逐层剥开外皮时，就能更加靠近中心。

每一种诱导技巧都是交谈的重要组成部分。学习如何运用每种技巧，能让你成为交流高手和杰出的社会工程人员。诱导的目的是从看似平常的交谈中提取信息。如果你练习这些技巧，你就能够做到这一点。令人兴奋的是，这些技巧作用并不局限于口头交流——无论是电子邮件、网上聊天、发短信还是打电话，这些技巧都能奏效。

就像一名大厨决定用什么工具和原料来做一道菜一样，你也可以在你的交流中点缀几个提问，加入少许刻意的虚假陈述，再调和适量的共同利益，从而诱导出你所需要的信息。

当你掌握了这项技巧时，你就能够把诱导和交流融会贯通。有了这一利器的加持，你还需要最后一件工具，也就是下一章将讲到的：解读非语言表达和肢体语言。

第 8 章 读懂对方的暗示

学着提高情商是我们的责任。这是一项技能，并不简单，也并非与生俱来——我们只能通过学习来掌握。

——保罗·艾克曼

在写我的第一本书《社会工程：安全体系中的人性漏洞》时，我接触肢体语言的概念不久。但我有幸认识了保罗·艾克曼博士，并且将他作为我的导师。保罗·艾克曼博士于 20 世纪 50 年代后期开启了肢体语言的研究之旅，在过去的 60 多年中，他一直引领着非语言沟通领域的研究方向。

在艾克曼博士的帮助下，我不仅完善了我的工作，而且还改善了我的交流方式，这也推动了我第二本书《社会工程 卷 2：解读肢体语言》的出版。这本书深入探讨了面部表情、肢体语言、手势，以及其他非语言表达的方方面面。书中甚至还探讨了非语言沟通中不可见的部分：杏仁核劫持。

如果你曾关注、阅读或听说过我的相关作品，你大概不难理解，对于艾克曼博士，每次我站在他旁边时的反应就像图 8-1 中那样。

本章将尽力达成几个目标。首先，我将严格遵循艾克曼博士的高标准，即我写下的所有内容都有研究支持；其次，我不会单纯重复我以前作品中的内容，尤其是在你可能已经读过其中一两本的情况下。在本书中，我将介绍一个关键领域的非语言表达，它几乎能改变你的社会工程生涯：对于舒适与不适之间的基准的变化的理解。

图 8-1　在大部分人眼中，我见到艾克曼博士时的反应（和真实情况相差不远）

本章中，我会推翻你之前对于某些肢体语言的固有观念，并告诉你职业社会工程人员应该注重什么。

8.1　非语言表达至关重要

在进入正题之前，我先解释一下为何理解非语言交流如此重要。当然，达到这一目的的最好方式就是讲一个故事。

我和艾克曼博士一起撰写《社会工程 卷 2：解读肢体语言》一书时，他主要负责确保我所写下的内容具有科学上的准确性，结构合理且富有逻辑，并且与他数十年的研究成果相吻合。

我写过一章有关镜像神经元研究的内容。该研究主要阐述了研究者相信大脑中有一组神经元，可以“镜面映射”所看到的来自他人的非语言表达。

根据艾克曼博士的研究，当我们感知到某种情绪时，会做出下意识的反应，这种反应是通过微表情来展现的。此外，如果我们做出某种面部表情，也会产生与该表情相关的情绪。

我做了一下关联：假如我们可以通过镜像神经元模仿他人的表情（会伴有相应的情绪），我们就能控制目标的情绪了。

在我撰写《社会工程 卷 2：解读肢体语言》的那段时间，社会上有一场关于镜像神经元及其背后研究的科学争论。因此，艾克曼博士给我写了一封非常客气的邮件，信中他大致这样说道："如果这项研究被废止，你书中的这部分内容也就不合时宜或者不成立了，那时你怎么办？"

我回应道："可是，可是，可是……这部分内容我都写了大概40页了。而且最多还有五天，这章就完成了。"我真希望艾克曼博士能用一句"好的，这很不错"来回应我。

然而他没有，他回复道："既然如此，我想你有五天时间来读读这篇关于杏仁核的研究，然后再根据它重写一章了。"于是，我收到了一篇大概60页的文章，里面满是我不知道该怎么研究、怎么理解的东西，更别说根据它重写一章了。

不用说，艾克曼博士对我自然是鼎力相助，但我仍从这件事中汲取了一个教训，或者说是三个教训。

- 如果我想真正地帮助客户，那么理解事情运作的**原理**是非常重要的。
- 跟随研究趋势不断适应和成长也很重要。
- 我严重低估了睡眠的重要性。

在写这章有关杏仁核劫持的内容时，我又一次在研究中发现了植入情绪内容和控制目标反应之间的联系。如果杏仁核在大脑有机会"启动"之前就能处理情绪刺激，而我能让目标感受到轻微的悲伤或恐惧的情绪，那么我就可以利用目标的移情反应①。

换句话说，善用伪装能让目标产生我想要的情绪和我想要的感受。这就是为什么理解非语言表达如此重要。

当我因为工作而要侵入一个地点，或要对别人实施电信诈骗测试的时候，我能感觉到非常强烈的恐惧：害怕失败，害怕被抓，害怕搞砸。我们来仔细研究一下我的这种情绪吧。

恐惧是如何在生理上影响我的呢？

- 双眼睁大，眼皮紧绷。
- 嘴角向后扯出"噫——"的形状，呼吸也急促起来。
- 在我准备"战斗或者逃跑"时，肌肉会变得紧张并且僵硬。
- 心率加快。
- 排汗量增加。

---

① 移情反应是指理解他人感受过程中产生的情绪和助人反应。——译者注

现在来讨论一下，我表现出什么样的生理状态能让目标产生我想要的情绪回应（也就是我之前提到的，用轻微的悲伤引起同情）。

- 眼睛柔和且放松。
- 嘴角下撇。
- 脑袋低垂。
- 肌肉放松。
- 呼吸变浅。

看出差别了吗？如果我在伪装中表现了悲伤情绪，肢体语言却表现为恐惧，目标会作何反应？可以想象，大部分人会感到意外："咦？这明明是个很悲伤的事儿，这个人却看起来很害怕。这种不一致的情绪让人感到别扭。"而且，我们每个人内心都是有雷达的，一旦感到情况不对，就会让我们保持警惕和增强防备。如果我试图用恐惧的肢体语言让对方感到悲伤并同情我，目标内心的雷达就会发射警惕信号。

一篇题为"Chemosensory Cues to Conspecific Emotional Stress Activate Amygdala in Humans"的现象级研究，以一种……嗯……有趣的方式证明了这一点。

研究人员收集了人们运动过后的汗垫，以及一组从约 4000 米高空的飞机上进行双人跳伞的人们的汗垫，然后在被测试者的头上戴上功能磁共振成像设备，让他们闻每一块汗垫进行测试。（有点恶心，不过是真事儿。）

当测试组闻跳伞的人们的汗垫时，被试者的恐惧中枢（也就是杏仁核）被激活了。而当他们闻做运动的一组人的汗垫时，却没有产生任何恐惧。所以，"你能闻得到恐惧"的老话其实是对的。

既然我们知道他人能感知我们的恐惧，就请再想想，我在准备好接近目标的时候应该做什么。我有以下两个选择。

- 学着控制我的恐惧，以便展现出恰当的情绪。
- 如果做不到上一条的话，就构造一个能利用我原本情绪的伪装身份。

请思考一下

在第 25 届国际极客大会期间，我们有幸把 Tim Larkin 请到了《社会工程播客》的直播中。Tim 讲了一个故事。一个女人正要路过一群年轻男人，男人们并没有跟女人交流，但或多或少让她觉得不安。于是她灵机一动，转身朝另一方向走去。

然而她的耳机却不小心掉落在地上，这下麻烦了。一个年轻男人马上追上去从背后将她打昏了，并最终导致了悲剧的发生。

这个悲伤而又荒诞的故事很恰当地说明了我们内心的雷达是如何工作的。有时候即便我们想要平息它的警报，也没什么用。因此我常说，“**不要**忽视内心的雷达——要认真倾听，因为它可以救你的命”。

理解这一点能让你更好地掌控自己的情绪，了解你的外在情绪表现，也有助于你像一名职业社会工程人员一样，学会使用、解读，以及恰当地应对情绪及其相应的肢体语言。

在我详细讲解肢体语言之前，你首先需要了解如何解读情绪基准。

8.2 你的基准全在我们的掌控之中

读懂他人的情绪能大大增强你的交流能力。我想着重讲讲，对基准变化的观察是如何帮助职业社会工程人员的。

我先定义一下基准。简单来说，基准就是在你开始观察的那一刻起，你看到对方所展现的情绪内容。你不需要了解对方一生的基准。所以，请你放松——我不会让你在每次测试之前都花上数月甚至数年去跟踪你的目标。

请看图 8-2。Amaya 做了一些不太好的事情，而她的妈妈在让她意识到这一点。

图 8-2 你在图中看到了什么基准

你观察到了什么？在图 8-2 中，我的妻子 Areesa 的情绪是什么？你看到她紧张的下巴了吗？看到她的手指和紧抿的嘴唇了吗？她在发出愤怒的信号。

而 Amaya 呢？她抱着双臂，高高抬起下巴，一脸不耐烦。她将自己封闭了起来，并没有心情倾听。

再看看图 8-3，Amaya 在“讨论”结束，与 Areesa 不欢而散之后，又是怎样的表现？

图 8-3　你在图中看到了什么变化

Amaya 看起来有点黯然，似乎在自我安慰，也可能在反省那段争吵。

再看看图 8-4。Amaya 和 Areesa 刚喝完一杯好茶，正在谈论她们愉快的购物时光。

图 8-4　你在图中看到了什么基准

这里的基准是什么？两人看起来都很开心，她们互相依偎，享受着与彼此的对话。

这三张照片展示了同样的两个人在不同的情况下展现出的不同基准。这里有一个非常有价值的教训：基准不是对一个人个性的定义，不是心理画像，不会长时间存在。它仅表示某人在特定时刻展示出的情绪。

在接近某人的那一刻读懂他的情绪状态，对社会工程人员是至关重要的。如果你想成功，那么你接近图 8-2 中的和图 8-4 中的 Areesa 的方式就必须有所区别。

我常常听人说，他们可以学会在几秒之内分辨真话和谎言。

David Matsumoto 博士、Hyi Sung Hwang 博士、Lisa Skinner 博士和 Mark Frank 博士合写了一篇题为“Evaluating Truthfulness and Detecting Deception”的文章。文中提到了一个重点：“识别谎言并非只看对方是否存在某些行为，比如厌恶目光接触或坐立不安。实际上，这主要是看一个人的非语言暗示是如何随着基准变化的，以及它们是怎样与此人的言论相结合的。只有把这些非语言暗示也考虑进来时，才能准确地区分一个人是否在撒谎。”

明白了吗？并没有什么总能一眼识别真话与谎言的魔法。了解一个人的肢体语言暗示是如何随时间变化的，我们才能理解此人的情绪内容和对应的解读方式。

8.2.1 当心误解

人们往往对一些肢体语言有先入为主的误解，而你需要在开始社会工程的历险之前理解并摆脱它们，否则你会做出一些错误的假设。

让我们来分析一些案例吧。看看图 8-5，你看出了什么？

图 8-5 Amaya 有没有不开心

抱起的手臂显然象征着封闭，这是多年来常见的判断，可它并不一定对。如果在我接近的过程中，对方的姿势由开放转为封闭，那么这个判断可能正确。可是有的人不管是坐是站，都喜欢抱着双臂，因为这样舒服，这并不代表他们封闭。在图 8-5 中，Amaya 都是双臂抱起，但她的情绪是通过面部表情和脑袋的位置来表达的。

再看看图 8-6。

图 8-6　她是生气，准备说谎，感觉冷，还是感觉舒适呢

虽然从这张静态图片上看不出来，但实际上 Amaya 的腿在以每分钟大约 500 下的频率抖动着——这是她要撒谎的征兆吗？还是说她不舒服？很难分辨。有的人单纯就是很喜欢抖腿或者好动罢了。还是那句话，要么你从动作发生时就注意到了，而且一并观察其频率，要么你就别再琢磨它的含义了。看看图 8-6 的整体画面：Amaya 的身

体姿势、抖动的腿、搁在颈后的手。当一并考虑到所有这些元素后，你就能确定她的确不舒服。

我儿子 Colin 的腿就像个永动机，我一直琢磨着，如果能在他腿上固定一台发电机，它就能给我们全家发电了。他并不是喜欢撒谎，只是好动罢了。下文的例子中，我利用了 Colin 的这个习惯。

我问："嘿，Colin，那天晚上的聚会怎么样？你玩得开心吗？"

Colin 的腿一直在抖，仿佛要钻个洞直穿到地球的另一边。他说："还行，一般般吧。"

既然他这么说，我就知道他和 Stewart 发生争执了。我想知道细节，于是便说："哦，不错。还有谁去了来着？"

Colin 列出了所有参加聚会的人，唯独没提到 Stewart 的名字。有点问题。我回答："哦，Stewart 没去吗？我以为他会去呢。"

Colin 的抖腿突然停住："对，他也去了。"然后又动了起来。

"哦，那 Stewart 还好吗？"我问。

他的腿现在直直杵在了地上。他说："嗯，挺好的。"这次过了一会儿他才又开始抖腿。

这里出现问题的预兆不是 Colin 的腿在抖动，而是他的腿停止抖动。然后，没等多久他就把整个故事向我和盘托出了。

专业提示　不要将你哄孩子开口的套路写下来，总有一天他们会成长到能识破你的套路，或者你已经用不到这些套路了。在我们家，这就好像持续不断的智力竞赛一样，而目前为止我的得分一直遥遥领先。如果我们记录了比分的话，我敢说目前的比分肯定是父母得分为 5 981 387，孩子得分为 5。（我女儿应该不同意这个结果，甚至认为比分应该反过来。）

请再看看图 8-7，看你能解读出什么。

揉搓、抓挠面部或其他类型的小动作可能表明了人们的内心不适，但有时候这可能只是单纯地因为面部发痒而已，所以你要注意动作发生的时间和原因。

图 8-7　这是舒适还是不适

这里也能用我儿子 Colin 为例。他患有过敏和哮喘，因此他经常浑身发痒。到了花粉季节，他便会一直触摸、抓挠他的脸，这种情况下这些小动作并不意味着他在撒谎，而是过敏发痒。

如果我们对这些现象做了误读，就会假设一些原本不存在的情感，而对不存在的情感做出回应是很危险的。毕竟，把觉得身上冷的人视作自我封闭，将过敏引发的行为误解为说谎，这都不是你想要的吧。

避免这种错误的最佳方法就是在遇到状况时不带任何先入为主的判断，即便你曾接触过目标。请在会面 15~20 秒后再做判断。

对于肢体语言，我会着重关注基准的变化，再去找那些能表明目标从开心变为不开心（或相反）的变化。在《社会工程 卷 2：解读肢体语言》中，我写了很多有关面部表情和肢体语言的内容，如果你有兴趣，不妨去看看那本书。

在本书中，我想让先你理解舒适和不适之间的基本区别。一旦你掌握了如何分辨这两种情况下的人的表现，那么你将对于该关注什么，以及该如何解读你所看到的现象了如指掌。

8.2.2 了解基本规则

本节将探讨 4 条规则，你需要在解读肢体语言时将它们铭记于心。应用这些规则将使你对肢体语言的理解和解读方式发生巨大的变化。

应用这些规则时并不需要做 1+2+3+4 那样的计算。只是如果你想精于解读非语言表达，就必须应用所有规则。

1. 规则 1：关注情绪是什么，而非情绪为何出现

这条规则很直白：如果不了解所有信息，就不要在“情绪是什么”和“情绪为何出现”之间建立联系。

我在教授非语言表达的时候，往往先让学生们铭记一点：“你看到了情绪是**什么**，并不能代表你明白了这种情绪**为何**出现。”

想想看：我在课上讲话的时候，一边说一边与你进行目光交流。此时我发现你双臂交叉，眉毛耷拉下来，而眼睛仍睁着，你的下巴也紧绷着。我还注意到你手和手臂显得很紧张。这些都是愤怒或不适的迹象。

我可能会认为你是对我本人或我的一些言论感到生气或反感。然而，可能你只是因为去年做的一场手术，现在伤口又开始疼了。或者你在因为胃痉挛而生气，抑或是你根本没有认真听讲，只是想到了一些让你生气的东西。

先不说你的这种肢体语言背后的原因是什么，我应该如何把**情绪是什么**和**情绪为何出现**联系起来呢？我曾在第 7 章中讨论过，关键在于提问。当然，如果在课堂上，我暂停讲课，问你为什么不开心，这显然是不合适的。

2. 规则 2：审视多种元素的组合

当你刚开始练习和目标接触时，很容易会在看到一个特定的肢体动作或面部表情后，就以为你能理解交流的内容。然而只关注一条线索是很危险的。你应该结合语境

以及其他肢体语言线索，来解读对方到底说的是什么。通过寻找一系列能够相互印证的非语言线索，能够更好地解读对方真正的情绪。

考虑以下情景：你正在跟你的配偶说，你反对某个决定。在你陈述自己的观点时，对方双臂交叉，这是否就意味着对方是自我封闭的、愤怒的，或不喜欢她听到的内容？

稍微拓宽一下你的视角。你在对方脸上看到愤怒了吗？你看到对方的髋部或脚改变位置，不再对着你了吗？有没有其他情绪“集合”能帮你辨别她抱起双臂只是一个单独的动作，还是一个更综合的情绪表达的一部分？

3. 规则 3：寻找一致性

寻找语言和非语言交流之间的一致性。如果对方在摇头**否认**的同时却回答“是”，那就说明他的语言与非语言线索不一致。

当识别出对方所传达信息不一致时，你应依靠非语言信息来判断对方的真实意图。你要仔细审查一系列非语言线索，并找出非语言沟通和语言沟通不一致的地方。如此一来，你就能更精准地理解目标的真实意图。

4. 规则 4：关注环境

假设我从办公室向窗外看，看到我的女儿 Amaya 坐在外面。她几乎把自己蜷缩成了小小的一团，双臂交叉在胸前，下颌微收，脑袋深埋进交叉的双臂中。这一切都是悲伤和不适的迹象。

但我没告诉你的是，室外温度只有约 2 摄氏度，而她没穿合适的外套。

考虑了环境因素你就能知道，Amaya 只是觉得冷了。如果忽略了温度这个环境因素的话，她看上去就是悲伤且不适的。所以，为了避免误解非语言表达，你必须了解目标所处的环境。

除了以上四条规则之外，在详细讲解每种情绪之前，你还需要了解一些肢体语言的基础知识。

8.3 非语言表达基础

在开始学习非语言表达之前，你应该先了解一些基础知识。它们适用于所有人，不受特定的文化、性别、种族或宗教的限制。理解这些基础知识，能帮你通过人们的外在表现，了解肢体语言是如何忠实表达内心的真实感受的。

外部刺激通过我们的五感（默认为健全人）——视觉、嗅觉、味觉、触觉和听觉——进入我们的大脑。这些刺激经过大脑处理后，能产生七种基本情绪：愤怒、恐惧、惊讶、厌恶、轻蔑、悲伤或快乐。当某一情绪被激起后，就会引发相应的面部和肢体反应。

例如，根据 R.S.Minvaleev、A.D.Nozdrachev、V.V.Kir'yanova 和 A.I.Ivanov 的一份题为"Postural Influences on the Hormone Level in Healthy Subjects"的研究报告，人在自信时会觉得自己更强大，从而导致血液中的睾酮水平升高，皮质醇水平下降。研究人员想要测试特定的瑜伽姿势能否提升或降低皮质醇、睾酮、脱氢表雄酮（DHEA）和醛固酮的水平。然而，从自身需要出发，本节将只关注皮质醇和睾酮水平的变化。

研究人员发现，仅是保持与自信态度相关的特定姿势，就能使一个人的睾酮水平提升至少 16%，皮质醇水平降低至少 11%。巧合的是，睾酮被认为与人类自信行为的增加存在密切联系。所以，这就像自证预言[①]一样，保持自信姿态可以释放某些化学物质，这些化学物质能让你从自我感受和行动中更加自信。

说明 *皮质醇是一种激素，它能够调整体内的多种生化过程，包括新陈代谢和免疫反应。因为它与身体的压力反应有关，所以也被称为"压力激素"。研究发现，皮质醇的较高水平与焦虑和抑郁存在相关性。*

实际上，你需要重点理解的是，舒适型的非语言表达往往有助于创造幸福感和自信，并激发与之相应的、强烈的化学及生理反应。而不适型的非语言表达则会带来压力、焦虑，以及负面的情绪反应。

你必须了解特定的非语言表达如何影响你和你的目标。作为一名职业社会工程人员，你需要影响或操控目标的情绪，不可掉以轻心。

你的伪装对目标的影响可能时间较短，也可能时间较长，因此必须谨慎地策划你的伪装。牢记这句箴言：让他们因为认识你而感觉更好。在条件允许的情况下，尽量不要用伪装去引发会给目标带来持久性损害的情绪。

如何判断自己所用的伪装是否会给目标造成长期的负面影响呢？你可以尝试判断你的伪装所基于的情绪基调是什么。如果你的伪装给目标带来了恐惧、愤怒、厌恶以及蔑视等强烈的负面情绪，你就很有可能让目标因为认识你而受伤害。

① 又称罗森塔尔效应，指的是教师对学生的殷切希望能戏剧性地收到预期效果的现象。——译者注

举例来说，在测试邮件中写“感谢您最近订购了这台 55 寸电视”和“您的账户已被攻击，并且银行账户已被清空”是不一样的。

了解非语言表达和情绪对目标的深刻影响，有助于你在社会工程任务中更好地运用这些情绪。可以说，我从 Ekman 博士那儿学到的最重要的一课就是，不光情绪能引起非语言表达反应，如果你强行做出某种非语言表达，那么也会引起相应的情绪。这一认识得到了大量研究的支持，其中包括 Strack、Martin 和 Stepper 所进行的一项题为“Inhibiting and Facilitating Conditions of the Human Smile: A Nonobtrusive Test of the Facial Feedback Hypothesis”的研究。研究人员验证了艾克曼博士于 20 世纪七八十年代提出的假设，最终结果表明，如果你做出某种表情，就会引起相应的情绪。验证过程是，让实验者在口中含一支笔，牵动肌肉模仿微笑的表情。他们最终证明了艾克曼博士在研究中所提到的：做出某种面部表情能够引起与之相关的情绪（甚至强行做出的表情也可以）。

你需要牢记的是，如果你表现出了某种情绪，或者你让目标表现出了某种情绪，那么目标就会真的体会到这种情绪。因此，你在运用这项“超能力”时，必须小心谨慎。

8.4　舒适与不适

学会有效交流很重要，而非语言沟通也是交流的一部分。一些研究人员整理出了我们所表达内容中的非语言成分的比重——有人说是 80%，有人说是 85%，甚至有人说是 90%。而我从艾克曼博士那里了解到的是，虽然我们都认为非语言方式在沟通交流中占有很高的比重，但非语言沟通的使用是受交流方式（包括交谈、书写、面对面）影响的。

在正常交流中，我们的身体和面部所表达的信息会让那些情绪解读者应接不暇。这是因为在交流过程中，人的身体和面部会流露大量的情绪信息，而解读它们的工作量也将是压倒性的。因此，当你第一次以社会工程人员的身份展开工作时，最好去关注最容易解读的非语言表达：舒适和不适。

我在本书中探讨了一些在我的其他书中都没有尝试过的话题。我从情绪的角度切入话题，然后探讨了作为社会工程人员是否要引起目标的这种情绪。我还解释了如何寻找与该情绪相关的、代表舒适和不适的迹象。我把本节按照不同情绪分类，并描述了一些情绪表现在脸上和身体上的迹象。虽然本节并未一一列出每种动作，但仍可以为你练习和掌握这项技巧打下必要的基础。

除了通过本节学会如何解读他人的肢体语言外，你还应该明白你的肢体语言会如何影响你的目标。如果你表现出了我在本节内描述的情绪，就会引发他人对应的情绪。你要决定你想让目标产生何种情绪，然后为此练习相应的非语言表达，同时还要学着识别那些你不想让他人产生的情绪，以及产生这些情绪的因素。

8.4.1 愤怒

愤怒这种强烈的情绪一直被视作关口情绪，也就是说，愤怒常常会引发其他情绪、感觉或行为。这些行为包括说脏话或吵架，并逐步升级到暴力行为。

从生理上看，愤怒会让我们紧张，并做好战斗或防守的准备。肌肉紧张、下巴紧绷、双拳紧握——这都是准备好战斗或防守的表现。当想要实施暴力的人接近你时，你甚至可能会看到他的下巴以一种防守的方式收起，这是为了保护脖颈。

虽然愤怒会使身体肌肉都很紧绷，但你可能会发现，愤怒的人也在尽力让自己看起来更加高大。举个例子，愤怒者可能会挺胸扩肩、阔步而立，此外，他的呼吸会加深，心率也会加速。

愤怒的人会有以下面部特征。

- 蹙眉却不斜视，并且双眼睁大。
- 下巴紧绷。
- 咬紧牙关，而一旦开口，便往往不会说出什么好话。

你可以在图 8-8 中看到这一切特征。

图 8-8 愤怒的表情

除了面部表情，愤怒也可以通过身体的姿势来表现。图 8-9 便是我下巴紧绷、双拳紧握的样子。此外，为了让自己显得更高大，我也挺起了胸膛。

图 8-9 愤怒的姿势

这些都是愤怒的信号。（供你参考：如果哪个男孩对 Amaya 有想法，我就会把这张照片给他看。）如果你在接近一个人时注意到了以上任何一个特征，那你最好避开那个人。

图 8-10 展示了愤怒的另一种表现形式。图中的 Amaya 表现出了轻微的愤怒。她瞪大的双眼、紧绷的下巴和微蹙的眉毛都是愤怒的信号。

图 8-10 轻微的愤怒

你大概明白了，愤怒是一种不适的非语言表达，这也是我特别不希望目标产生的情绪。因此，我会当心这种情绪的迹象，并尽量不在我的工作会面中用到它们。

如果我在接近对方时过于咄咄逼人，或我的伪装过于消极，对方往往就会表现出愤怒的迹象。这是一个很重要的警告，这时我就要退后一步，把声音或肢体语言放温柔一些，以缓和目标的愤怒情绪。

8.4.2 厌恶

厌恶也是一种非常强烈的情绪。人物、地点或事物都可能让我们感到厌恶。通常，当我们对某事物产生强烈的厌恶反应之后，这种感觉会长时间地伴随我们。

小时候，我的父母养过鸡。我喜欢跑到鸡舍去，拾几个新鲜鸡蛋，然后做一个被我机智地称为“面包夹鸡蛋”的东西。其实就是把一片抹了黄油的面包放进平底锅里，然后在中间放一个鸡蛋。

有一天，我拿着一个鸡蛋，磕开壳并将里面倒入过热的铁制平底锅里，可从蛋壳里掉出来的并不是新鲜鸡蛋，而是一只发育未全的小鸡。它从一落到锅底就开始扑腾，但最终还是死了。那景象、那味道，让我直接就呕吐在了水槽里。这太令我恶心了，我甚至忘了把火关上，于是这只可怜的小鸡就被烤焦了，糊味儿充斥着整间厨房。

这件事引发的厌恶情绪太过强烈，以至于我在十多年后一闻到烹饪鸡蛋的味道就会立刻感到恶心。还好我最终克服了这种心理障碍，不过要注意的是，厌恶这种情绪太强烈了，一旦你让目标产生了厌恶心理，事情很可能就无法挽回了。

想想看，有什么能让你的目标产生厌恶情绪：体味、身体机能、脸上或牙缝里的食物残渣、粗话、措辞等。因此在接近目标之前，谨慎分析接近方式和评估你自己是非常重要的，以免让目标感到厌恶。

厌恶有多种表现形式。厌恶的表情是一种双边表情，也就是说，脸的两侧都展现出同样的表情，如图 8-11 所示。

图 8-11　厌恶

在准备这些图片的时候，我家的狗在起居室里干了点恶心事儿，我觉得这个机会不容错过，便趁机拍下了 Areesa 清理时的照片。注意，她的两侧鼻翼上提，这会同时阻塞她的嗅觉和视线，其实她是在从生理上阻挡那些让她厌恶的东西。

人们感觉到厌恶时，会抵制或转向远离厌恶对象的方向，这是厌恶表现在身体上的特征。你要注意不感兴趣或反感的迹象。

注意图 8-12 中 Amaya 的腿部姿势。她对什么感兴趣？显然不是她的爸爸（这让我很伤心）。尽管她没有明显地表现出真正的厌恶，但她的肢体语言流露了不适或不感兴趣的迹象。

图 8-12 不关心

因为厌恶是一种太过强烈的负面情绪，所以我一般不在会面中运用它。不过，曾有客户要求我借助这种情绪（对同一事物感到的厌恶）去构建一个族群。虽然这种手段非常有效且强大，但如果处理不当，也会导致一些危险的后果。

8.4.3 轻蔑

轻蔑是一种很独特的情绪，《牛津英语词典》给它的定义是“认为某人毫无价值的感觉”。艾克曼博士则提供了一个更简单的定义：轻蔑是一种道德优越感。

根据艾克曼博士对轻蔑的定义，这种情绪只会对人产生，而且是唯一的单侧表情，即只会出现在脸的一侧。起初，轻蔑会看似是一个假笑，或甚至是微笑的开始，如图 8-13 所示。

图 8-13　轻蔑容易和快乐的表情混淆

轻蔑的特征是面部的一边向上提起——比如像图 8-13 中那样，只有一边嘴角扬起，而且往往伴随着下巴上抬，即便可能只是微抬。

由于轻蔑是一种优于他人的感觉，而且常常招致愤怒，因此你可能会看到以下几种带有轻蔑感的肢体语言。

- 优越感会让人感到自信。这种自信的感觉有数种外在表现，通常是让自己显得更庞大来占据更多空间。
- 如果轻蔑导致了愤怒，你可能会看到我之前所描述的那些肢体语言。不过，在愤怒的非语言表达得到充分展示之前，你可能会先发现对方下颌逐渐绷紧，并且姿态也变得更具有侵略性。

在我看来，轻蔑在职业社会工程会面中几乎毫无用处。对大部分正常的社会工程工作而言，这种手段不会带来什么理想的结果。

8.4.4　恐惧

恐惧有多种功能，比如让我们警惕危险；但当恐惧可控时，它也会让人愉悦。有的人甚至很享受惊吓或恐惧的感觉。

对于职业社会工程人员来说，人们对于失望、失败和错误决策的恐惧是非常有用的，但我通常会避免过度地利用恐惧情绪。涉及威胁或恐吓他人的伪装——比如那些让对方担心会丢工作、会丧命、会失去家人的伪装——引发的情绪会十分强烈，而一旦对方发现这只是一场测试，他们便会感到厌恶或者轻蔑，继而会感到愤怒。

恐惧有一些清晰的生理特征。

- 双眼圆睁，以便将整个场面尽收眼底。
- 身体紧绷，往往能听到深吸一口气的声音。
- 嘴巴大张，嘴唇向后咧向耳朵，仿佛在说“噫”。

图 8-14 展示了以上特征。

图 8-14 典型的恐惧表情

恐惧的肢体表现与面部表情相似，感到恐惧时，身体会后撤、紧张、僵硬，并且准备战斗或逃跑。如果你的目标被你吓到了的话，对方会做出如图 8-15 所示的反应。

图 8-15　肢体语言中的惊恐

注意 Amaya 全身紧绷地后退，她的嘴巴正做出了“噫”的形状。这种恐惧是很强烈的，因为她没有什么实际方法逃脱。她被逼得缩进了椅子里。

图 8-16 则展示了女性表现出恐惧的另一种方式——手捂胸骨上切迹。

图 8-16　手捂胸骨上切迹表示恐惧

注意一些细微的肢体语言暗示，有助于你了解目标的感受。如果你注意到了恐惧的迹象，就可以判断这种恐惧的表现是否恰当，以及你想将其利用到什么程度。正如我之前所说，作为一名职业社会工程人员，我会利用恐惧，但我会明确避开那种会让目标感到被威胁或被伤害的恐惧。

8.4.5 惊讶

惊讶往往容易和恐惧混淆，因为两者的表现看起来非常相似。人在惊讶时也会像恐惧时那样双眼圆睁，一般会身体僵直，嘴巴也张开，但并不是做出“噫”的形状，而是更像“哦”的形状，如图 8-17 所示。

图 8-17 惊讶往往被误解为恐惧

惊讶对职业社会工程人员来说是非常有用的，但正如我所提到的一些其他情绪一样，这也取决于你利用的方式。我不建议你躲在衣柜里，然后突然跳出来吓唬你的目标。不过，突击审计、突然拜访或意外奖励或许能取得不错的效果。在一次单独的电信诈骗测试中，我就是借助意外奖励得到了一些不错的结果。通话内容如下。

目标： 你好，我是 Beth。有什么能帮到你的？

我： 你好，Beth，我是人力资源部的 Paul。我有一个好消息要告诉你，你可能还不知道，我们联合贵部门举办了抽奖活动，而你作为获奖者，获得了最新版 iPhone 一部！

目标：不会吧，你在开玩笑吧！太棒啦！

我：我知道，我也喜欢打这样的电话。我们总共要打 10 通电话，真的太有趣了。

目标：是，我从来没中过任何奖，这真是太棒了！

我：你也知道，XYZ 公司有不止一个叫 Beth 的人，所以我需要向你确认一些细节，以确保你是我们要找的 Beth。你能拼一下你的全名吗？

目标：E-l-i-z-a-b-e-t-h S-m-a-r-s-t-o-n。

我：很好，我还需要把你的员工 ID 输入到系统里。

目标：是 T238712P。

我：好，你就是我们要找的那位 Beth。现在我需要你通过域凭证登录访问一个网站，然后把你的收件地址等信息输入进去。网站是…… **[这是一个毫无用处的网站，按钮都没有作用]**。

目标：好，网站打开了。我看到了我们的 logo，可我点击“进入”按钮的时候，什么都没发生，我该怎么做？

我：嗯，我在处理了。你点击“进入”按钮的时候，没有跳转到其他界面吗？我现在是已经看到其他界面了。

目标：没。我在试另一个浏览器了。**[试了她安装的每种浏览器之后]** 这下可好，我中了奖却不能认领。

我：不，我们不会允许这种情况发生的。这样吧，我来帮你认领。你愿意让我来输入你的信息吗？

目标：真的吗？你可以这么做吗？

我：我当然可以了。**[感到强烈的负罪感]** 需要你填入全名，我已经知道了…… **[我边说每个字母，边假装敲击键盘输入]** 好，输进去了。接下来需要你的员工 ID——你也给我了，我现在开始输入。

目标：太谢谢你了，你真好。

我：好的，现在需要进行域登录了，我猜账号是 E.Smarston?

目标：不，其实我的账号是 B.Smarston。因为 Beth……

我： 好的，我懂了。现在最后一项是你的密码。

目标：[完全不假思索地] 我真的很擅长设置长密码，是“JustinandBeth99”！

我： 很好，成功了。结果显示，你将在 24 小时内收到一封邮件，里面有领取手机的进一步说明。恭喜你，Beth！

目标： 太感谢了！

如此一来，这个操控网络就完全暴露在我们面前了。没错——你或许已经打算写信控诉我的恶行了——这的确是一种操控，而且当目标发现被我的伪装骗了之后，肯定会有些不快。但请记住，我没有威胁她，没有让她尴尬，也没有伤害她。我只是用惊讶来引起一种快乐基调的情绪，然后引导她不假思索地向我透露各种信息。

还有一些预示着惊讶情绪的肢体语言需要你注意，详见图 8-18 和图 8-19。

图 8-18 惊讶会让人向后靠，同时面部表情肌上提

图 8-19 震惊是惊讶的一种，可能会让人不自觉地捂嘴

在我看来，惊讶对职业社会工程人员来说是一种好情绪。只要精心地策划和执行，你就能取得巨大的成功。

8.4.6 悲伤

悲伤是一种非常复杂的情绪。它的范围很广，从轻度的忧郁到彻底的绝望都可以称为悲伤。而作为一名社会工程人员，你可以通过以下几种方式来利用悲伤。

- 注意目标产生的悲伤情绪，然后利用该情绪来诱导出反应。
- 构造出最可能让目标感到悲伤的情景，然后引导他们做出你想要的反应。
- 通过你自己的非语言表达来表现悲伤，从而诱导出对方同情的反应。

这些方法中，有的更具有操纵性。这要取决于你如何运用这些情绪，以及你运用的对象最终的情绪状态如何。

悲伤会在脸上表现出一些迹象，如图 8-20 所示。

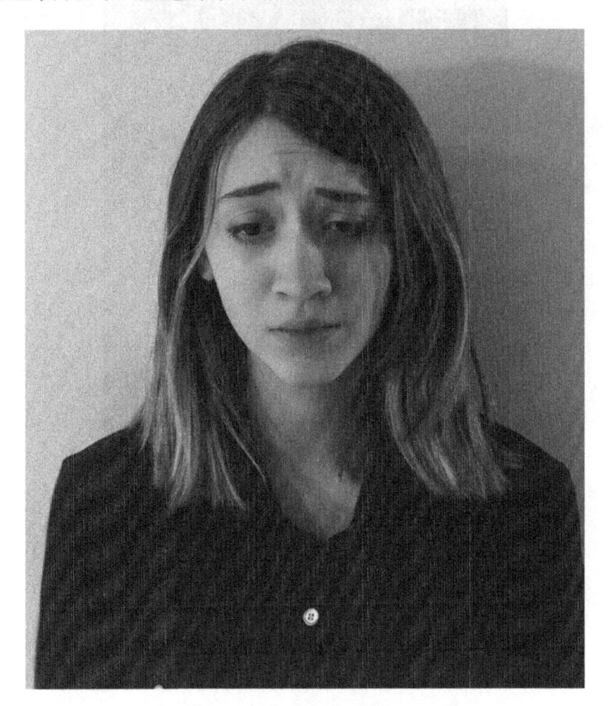

图 8-20 悲伤的面部特征

悲伤的表情具备如下特征：

- 嘴角下撇；
- 眼睑下垂；
- 眉头提起并皱作一团。

在一些极端的悲伤案例中，你仅通过部分面部表情就能感受到这种情绪。

悲伤也可以由肢体语言表现出来。这种情绪会让我们想要保护自己、安慰自己并蜷缩成一团——与自信时的反应恰恰相反。

图 8-21、图 8-22 和图 8-23 展示了一些自我安慰的非语言表达。

这个清单不长，但你应该能看懂。这些非语言表达能让你觉察到此人明显感觉不适。

图8-21 自我安慰的拥抱

图8-22 回避目光

图 8-23 无精打采的肢体语言

悲伤的复杂性使之对社会工程人员极有用处——包括学习如何理解它和表现它。然而，有必要提醒你：要拿捏好在你伪装中对悲伤的使用方式及其程度。

我向来不想让目标感觉到那种过度的悲伤或痛苦，但恰当程度的悲伤的确能诱导出强烈的同情反应。在一项题为"Empathy towards Strangers Triggers Oxytocin Release and Subsequent Generosity"的研究中，研究人员 A. Barraza 和 Paul J. Zak 指出，当人们开始同情某人时，即使是对陌生人的同情，催产素的释放水平也会有 47%的提升。而悲伤则会导致大脑中缺乏血清素、多巴胺和催产素。作为一名专业人士，我会尽量借助悲伤的情绪来诱导出同情，而非担忧、悲痛或沮丧。

想想营销和慈善活动用了多少次这种技巧吧。从无家可归的孩子到被虐待的动物，都用来让你产生同情，让你掏钱时更不假思索。这些组织并非不诚实，也无意操控你——他们只是知道你大脑的运作原理，并借助这一点达到他们的目的。

8.4.7　快乐

快乐是一种公认的对所有人际互动都有帮助的情绪。当感到快乐、满足、平和或放松时，我们会更容易做出无私的决定，也更容易对那些让我们产生这种情绪的人、场所或事物产生好感。

所以，显而易见，快乐是一名社会工程人员应当熟练理解和诱导的情绪。想做好本职工作、创造快乐，首先要学会鉴别真笑和假笑。真笑和假笑的一个区别点是眼轮匝肌的活动。当你笑起来时，这块肌肉会使你脸颊上提，并让你的眼周出现我们所说的“鱼尾纹”。

在 19 世纪中期，一位名为 Guillaume Duchenne 的法国研究人员提出假设：真笑是可以假装的。他在研究神经科学时，用了一种极具攻击性的电击形式，并用电击来刺激肌肉运动。

因为电击会带来疼痛，所以 Duchenne 并未研究得太深入。尽管如此，这项有关情绪如何通过面部表情表现的研究也已表明，面部是情绪的路标。1885 年前后，他开发出了一种用电击刺激触发肌肉反应的方法，并将他的发现写在了 *Mécanisme de la physionomie humaine* 一书中。结果如图 8-24 所示。

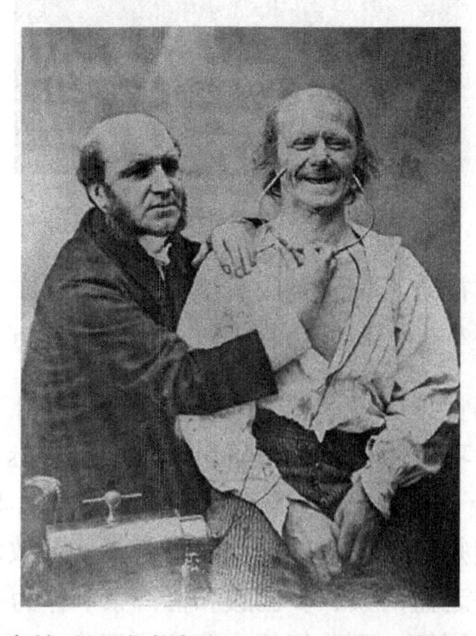

图 8-24　伪造的真笑（图片来自 *Mécanisme de la physionomie humaine*）

这项研究解释了为何快乐能让人产生“微笑”的面部表情。作为一名职业社会工程人员，你还需要学会辨别其他预示着快乐的肢体语言。

快乐的情绪是如何由一个人的肢体语言展现出来的呢？如果快乐会释放出强烈的神经化学物质，并创造出一种自信的氛围，那我们就应该也能看到一些肢体语言。请看图 8-25、图 8-26 和图 8-27 中所展示的身体姿势吧。

图 8-25 注意图中开放而自信的手臂姿势

图 8-26　敞开腹侧的姿势预示着信任和快乐

图 8-27　腹侧开放的姿势往往能给人欢迎或友好的感觉

说明 腹侧指的是动物的下半部分——或说最为脆弱的部分。对于人类来说，就是我们的腕部、颈部和其他我们会下意识保护免遭攻击的身体部位。

我们可以在对方脸上寻找那对充满笑意的眼睛，以及抿唇或咧开嘴角的笑容（如图 8-28 所示）。感到快乐的人往往也会靠向使他们快乐的对象。

图 8-28 真诚的微笑和脑袋微侧是快乐洋溢在脸上的标志

其他快乐的迹象或许还包括脚趾翘起或不断踮脚。当人们感到自信或感觉良好时，他们往往会让自己看起来身型更加庞大或更有活力。

快乐是我作为职业社会工程人员常用的情绪之一。迎合一个人的自我意识是一种创造快乐的好方法，它能引出情绪化的决策。但为确保效果，这种自我意识的迎合必须基于现实、令人信服，而且符合你此时此刻建立起的融洽关系水平。

我发现，只要与我的伪装身份不相违背，如果我以敞开腹侧的姿势，面带温暖微笑且脑袋自然歪向一侧地接近目标，目标就会感到与我在一起很舒服。

只要在你的社会工程伪装身份下找到创造快乐氛围的方法，你就会收获不错的结果。

8.5 小结

非语言表达是一个复杂而又庞大的话题，因此我无法在较短的章节内对其详细叙述。正如我一开始所说，我希望通过对这些知识做一些较为抽象的概述，能让你掌握一些不同的技巧。理解情绪的运作机制，能对你的很多伪装有所裨益。你对他人的非语言表达理解得越透彻，你对他们的真实意思理解得就越透彻。我希望你能从本章学到以下主要内容。

- **基本工具**　本章首先帮助你了解了几种情绪，以及这些情绪对应于面部和肢体的信号。
- **深入理解**　我希望你能更好地理解哪些情绪能助你一臂之力，并且既能看穿他人的情绪，也能让自己表现出这些情绪。
- **自我防卫**　了解情绪如何通过面部表情和肢体语言表达，还能帮你建立防御机制。当你理解了这些情绪被如何使用之后，你就能在对方借助这些情绪对付你时有所察觉。
- **提升技能**　作为一名职业社会工程人员，保持学习并精进技能是至关重要的。

我还想再给你讲一个有关社会工程的故事，或许能帮你巩固一下本章涉及的概念。在一次国际极客大会中，我和一名员工的交互让我明白了时刻留心非语言表达的重要性。

国际极客大会总是让我和我的团队忙得团团转。整整 5 天下来，我感觉自己几乎没空休息，也没有属于自己的一点时间。我只要打开“开关”待在那里，就能感受到人群中过多的能量和热烈氛围。

为了确保一切顺利，我来回穿行并高声下令，这种简单粗暴的行事风格对我来说极其有效，但也让我忽略了他人的感受。在这场会议中，我命令一些员工把东西打包。那已经是会议的最后一天了，每个人都在忙着把所有东西整理好，这样我们才能去最喜欢的寿司店吃最后一顿团队餐。

一切都很顺利且完美。我们只需进行最后的闭幕式，便能真正地把心里的大石头放下了。我试着去更加关注他人的情绪，于是我注意到了，有一个人的脸上流露出精疲力竭的神情——看起来不是那种简单的疲惫。同时还有一个人显得十分苦恼。

我对第一个人说：“嗨，如果你真的很累的话，你可以提出去其他地方坐会儿，不用非得来参加闭幕式。”

“什么？**真的吗**？我可以选择不去吗？”他显得分外惊喜。

“是啊，老兄——我以为你们都知道呢。不好意思，我没早提这事儿。”

“我根本不知道还可以不去参加，我以为必须随时待命呢。”他说。

“呃，只有 Michele 必须待在这儿，其余人——包括你，都能选择不去。”

然后我的员工就长长地舒了口气。

而面对另一个人时，我就得小心温和一些。我不能直接在众人面前大声叫她，这样只会让事情更麻烦。因为她脸上的表情混杂着悲伤、愤怒和恐惧。

于是我悄悄接近她，把她叫出人群，走了很远后我才问她是否感觉还好。我不想详述我们的谈话内容，但她流了很多眼泪。她说自己压力很大，因为感觉很多事情她都忽视或搞砸了，而且她也由于缺乏休息而感到非常焦虑。

就这样，我又吸取了新的教训。会议的最后一天，我格外留心团队成员们的情绪。然而我意识到，我本该在整整 5 天会议期间都这么做的，这样我们就不会有像现在这样大的压力了。

将这次经历应用到社会工程中，经验就是要保持机警，且不要局限于工作中。你要寻找“标记”，同时要在整个交流过程中保持机警。要注意观察基准的变化和流露的情绪，它们能帮你看出和你接触的人在与你交互之前、交互过程中，以及交互之后的感受。

理解非语言表达是一项强大的技能，当你能凭借非语言表达引发出目标的情绪时，就说明你已经达到了“超级英雄”的境界了。

本章中，我总结了作为一名专业社会工程人员所使用的大部分技巧。在下一章中，你将学习如何将这些技巧应用于社会工程渗透测试。这些技巧能应用于什么攻击向量？这就是下一章的主题。

第 9 章 发起社会工程攻击

如果寄希望于金钱来实现独立，那么你将永远无法成功。世人所能获取的真正保障，唯有知识、经历和能力的储备。

——亨利·福特

我们做一个简单的回顾。此前我讲到了社会工程在过去七年左右发生的变化，包括 OSINT 及其使用、交流模式、伪装、建立融洽关系、影响、操控、诱导和非语言表达等。从交流的角度看，以上内容构建了不错的知识基础，但作为一名职业社会工程人员，我还需要告诉你这些知识是如何在社会工程任务中应用的。

假如我们从作恶的角度分析社会工程，可用的攻击向量主要有四种：网络诈骗、电信诈骗、短信诈骗和冒充。有时这些原则会被综合使用来引诱我们上当。

在本章中，我会分析这些攻击向量的运用技巧，然后重温一下（很简短，我保证）那个一直很有趣的汇报话题。最后，我会讲解入侵企业以及接近一些客户的测试工作。

在开始之前，我需要先讲一下渗透测试的原则，为你的社会工程渗透测试工作打牢基础。

说明 我不会在本章探讨如何恶意地使用这些技巧。本书的重点是如何成为一名以“让他人因为认识你而感觉更好”为目标的职业社会工程人员。恶意利用我探讨的这些技巧，并不会让任何人因为遇到你而感觉更好。

9.1 攻击面前人人平等

我从一开始就想声明的另一件事是，社会工程向量并不是只对缺乏安全意识的人奏效，而是对所有人都管用。只要触发了对的情绪，场景合适，伪装合理，每个人都可能中招。

经常有人问我是否被恶意社会工程人员攻击过。很不幸，答案是肯定的。恰当时机下的合理诱因使我上当，点开了一封诈骗邮件。幸运的是，除了有点尴尬，我并未蒙受巨大的损失，因为我知道如何迅速反应并解决问题。我可是有一个 M.A.P.P.（这是第 10 章的主题）的。

我并不认可诸如“人类的愚蠢无可救药”的言论。不过我承认，从安全的角度讲，正是某些人的懒惰和缺乏分辨力，才导致了诸多问题，但这不代表只有不够聪明的人才会上当。

曾经有这样一个案例。一位大学教授遇到了“419 骗局”，他彻底上钩了，甚至在花光毕生积蓄之后还从学校的财务处偷钱。在被捕之后，他还控诉办案人员，说对方逮捕他是为了搜刮走他账户上本会得到的百万收益。

说明 “419 骗局”又称“尼日利亚骗局”，因其涉及尼日利亚法律条款（第 419 条）而得名。尼日利亚骗局通常以“我是一位身家百万美元的王子……”为开场白，但近期骗子开始伪装成需要帮助的寡妇。不管是以什么方式，这些骗局似乎对那些想以小博大的人一直都奏效。

听起来是不是挺荒唐的？可事实就是如此。我仔细审视了当时的情况，思考为什么这个男人会如此执迷不悟。以下是几个值得考虑的因素。

- 他有严重的财务危机，而这场骗局给了他财务自由的**希望**。
- 他认为自己会收到巨额的资金回报，而这引发了他的**贪念**。
- 一旦他**投身其中**，就会**坚持**自己的决定。
- 他觉得他在帮助自己的同时，也在**帮助**某个人过上更好的生活。

从这个角度审视了整件事后，我更容易理解这位教授在这场骗局中为什么会如此执迷不悟，以至于开始盗窃和诈骗，欺骗自己的妻子，甚至毁了自己的一生——这都是因为希望、贪婪和他一意孤行地认为自己在救人救己的想法。

那些 CEO 或其他高层人士都口口声声说自己**绝不会**上当，可当他们发现在渗透测试中由于自己的原因而导致了远程访问权限泄露时，又免不了气急败坏。任何人都可能成为攻击的受害者，无论其在组织中的地位如何。

9.2 渗透测试的原则

渗透测试（penetration testing 或 pentesting）指的是公司雇专家来尝试入侵公司网络。渗透测试的最终目的是赶在恶意攻击者之前找出可能被利用的安全漏洞并修补它们。

多年来，渗透测试已成为一种标准的安全工具，很多合规委员会要求公司每年至少进行一次渗透测试。但截至目前，并没有太多政府性的合规法案强制公司将社会工程纳入为渗透测试的一部分。

因此，那些只为了完成测试任务、应付合规要求的公司，往往是不理想的客户。他们并非出于自愿，而是迫不得已才这么做。这么想吧：当你的孩子为了给你一个惊喜而去打扫厨房时，他们做得往往会比被迫做家务时要好。

渗透测试有一些书面规范及规则，能帮助渗透测试人员习得一些执行渗透测试的最佳实践。2009 年我开始编写社会工程框架，全球许多企业将其作为规划年度社会工程服务的标准。然而，社会工程渗透测试仍缺少一套明确的标准。我认为出现这种情况的主要原因是社会工程的动态性过强，想预先规划好每一个阶段几乎是不可能的。

图 9-1 阐释了社会工程攻击向量的几个常见阶段和步骤。

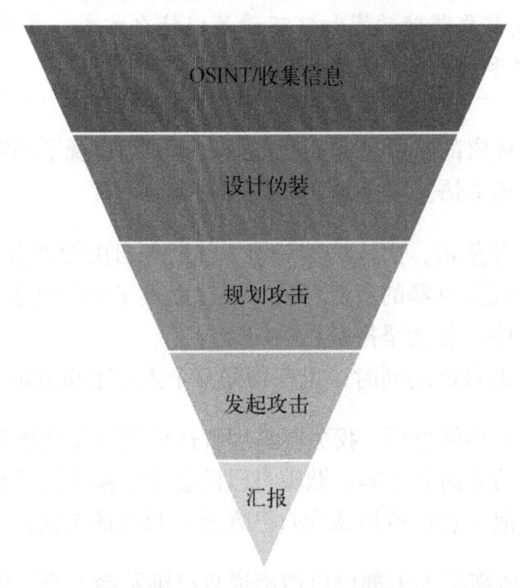

图 9-1　社会工程的几个阶段

信息是社会工程攻击的命脉。因此，OSINT/收集信息永远是第一位的。在调查完成前，你是无法真正开始规划攻击的。

当你收集好 OSINT 后，就能轻松地判断哪种伪装能起作用，而哪种伪装不能了。如果你能了解目标公司使用社交媒体的方式、交流方式、地理位置，以及其他一些公司内部工作的细节，就能构思出一些好的伪装方案。

有了这些方案，你就可以开始谋划攻击向量并准备测试了。你是发送一封钓鱼邮件呢，还是用电信诈骗的方式获取更多信息或机密？是借助移动设备远程进攻呢，还是亲自去现场，抑或是将这些向量组合起来呢？你可以在开始规划攻击时思考以上这些问题的答案。

接下来，你开始发起这些攻击，同时收集了每一步的结果，并将所发生的一切汇报给客户。然而，渗透测试并不一定会严格按照步骤线性展开。可能你在进行 OSINT 阶段时，想到一个绝佳的攻击向量，然后就想搜集更多 OSINT，看看能否找到一些支持数据。

无论如何处理，社会工程渗透测试的原则都需要包含以下几点。

- 你要进行通话录音吗？未经同意的通话录音在美国的很多州是违法的——也别假设客户雇你进行渗透测试就代表他们“同意”你做你想做的。想录下你工作时的视频吗？一定要得到书面许可哦。
- 不要假定客户明白社会工程渗透测试的每一步，而是要给客户讲清楚你要提供的服务，以确保对方明白。这样做也让他们有机会问清楚渗透测试的各个步骤，以免你在后续的执行中遇到不必要的麻烦。
- 确保你有通话录音的书面许可。很多州规定录音须经双方同意，因此你需要取得公司的许可，以防卷入法律纠纷。
- 详述你所使用的、准确的搜索关键字或用到的其他搜索工具，以便客户在需要时重现各个步骤。
- 我听说一些渗透测试人员担心：如果把这些都教给客户，他们以后会自己进行渗透测试。但从业这么多年来，我从未遇到过因为从我这里受教颇多而不再接受我服务的客户。
- 过程和结果同样重要。

  比如，你告诉客户钓鱼邮件的点击率为 90%，而 47%的测试对象在电话中透露了他们的域登录密码，这当然都是相当可怕的数据。但你还必须解释整个过程的每一步，包括你如何构建攻击向量、谁拒绝了你的请求及其原因——因为这些细节都是你需要告诉客户的重要内容。

- 不要在社交媒体上直播你如何成功地利用了客户的漏洞，也不要将其发布到社交媒体上。（**说实话，我看到有人这么做的时候，感到很尴尬。**）

  这就好像你要找医生做一次侵入式检查。他探查了你不想让他探查的部位。这可能让你感觉不太舒服，可能还有点儿疼，当然也很让你尴尬。他做完检查后，离开了办公室一小会儿。于是你拿出手机，打开应用程序，看见他发了一条推文："真想给你们看看我刚检查的那个胖子身上肿瘤的大小。哈哈哈！"他并未提及你的名字，也没有上传你的照片，而你对此有何**感受**呢？你会喜欢这位医生吗？会感觉他站在你这边吗？如果我是这位病人，我以后再也不会找这位医生给我看病。

  同样，如果你把入侵客户的场所有多容易及其安保措施有多差的事在社交媒体上传播，这既让人感到尴尬，也显得你很不专业。

这几条原则是适用于你的职业生涯的很好的通用准则。它们有助于职业社会工程人员应用各种攻击向量，但在详细讲解这些原则之前，我还要给出另外两条准则："记录一切"，以及"审慎选择伪装"。

9.2.1　记录一切

客户花钱雇你来深入调查，即使你搜集到的 OSINT 没被应用于攻击，也要让客户知道你的发现。你在工作中不可避免地会找到一些极其敏感的资料，这都不是问题。问题是你要如何处理它们。

在一次测试中，我的公司受雇对一家金融机构的某高级管理人员进行渗透测试。在搜寻资料阶段，我们找到了她 20 多岁时拍摄并同意刊登的一些照片，这些照片现在被摄影师网站用作宣传材料。但不幸的是，其中一些照片被色情网站盗取并用于网站推广。作为一名职业社会工程人员，在这样的情形下，你会如何处理呢？

我们认为这个信息影响太坏并且会让人感到难堪，不适宜用作网络钓鱼。因此我们将此信息暂时搁置并做了渗透测试，然后要求和这位管理者进行一次特殊会面。我们提出帮她把这些照片从网上撤下，并且保证不把这件事告诉她的公司。她非常感谢我们，我们至今仍是好朋友。

9.2.2　审慎选择伪装

我经常找到一些让客户感到尴尬的资料，但我个人绝不会把它们作为伪装主题。可能有的读者会觉得我浪费了绝佳的机会，然而你要记住，我的目标是"让他们因为遇到我而感觉更好”。此外，我还想让客户学到些什么，如果我只是令对方感到难堪，那么这个目标将很难达成。因此，我会审慎而敏感地选择伪装。说了这么多，你还记得我之前建议你要汇报你发现的一切吗？所以即使你用不上那些尴尬的信息，你也应该告诉客户你的发现。

有位客户曾委托我的公司去进行一些网络钓鱼测试。我们发现其中某位员工曾用公司邮箱在某“交友”网站发表了一些评论，并告诉一些妩媚的、衣着暴露的女性，自己希望见她们一面。先抛开你对他的顾虑，也不管他公开地将公司邮箱用于这种网站是否会带来什么安全隐患。如果借此伪装成其中的某个女性进行网络钓鱼是否会起效呢？我几乎可以保证，成功率是百分之百，但我们并没有这么做。还是那句话，职业社会工程人员的目的是教育并帮助他人，而不是羞辱他人。

9.3 网络钓鱼测试

网络钓鱼的定义是“发送伪装成来源可靠的邮件的恶意邮件的行径”。其目的可划分成以下几种：

- 发送恶意附件，以便远程攻击者入侵；
- 收集凭证；
- 收集其他信息，以便进一步攻击。

网络钓鱼邮件的目的决定其内容、伪装和发送方式。作为一名职业社会工程人员，你可能需要发送各种类型的网络钓鱼邮件。

9.3.1 教育型网络钓鱼

有时候，客户并不想测试公司的网络资源，而只是想测试人性。一个有效的方法是发送一封教育型网络钓鱼邮件，也就是说，这封邮件既不包含任何恶意代码也不会进行远程访问，它只会返回一个站点，汇报网络钓鱼的点击信息。而统计信息只用于告诉客户人们对网络钓鱼攻击的敏感程度，以及哪方面有待加强。

这种网络钓鱼的目标是，利用人们的好奇心、贪婪、快乐或适当的恐慌情绪来让人们点击。为此，你的伪装需要以特定目标或整个公司的 OSINT 为基础。我和我的团队曾将这种网络钓鱼邮件发送给个人，也曾同时发送给成百上千个人。

下面的例子说明了遵循前一节所述原则的重要性：某次受客户委托，我参照领英邀请函的样式伪造了一封网络钓鱼邮件。我把这封邮件发给了这位客户的 7000 名用户，获取了很高的点击率——约为 73%。这不禁让我有些飘飘然，而且所有人——包括我——都惊叹于这场网络钓鱼的成功。

在随后的另一场测试中，我再次利用了我那封战果颇丰的领英邀请函邮件。在接下来的一周，我将其发给了 10 000 名用户，却收效甚微。到工作结束时，点击率只有约 4%。我感到难以置信，毕竟这个钓鱼方法是如此精妙，对吧？我让客户试着从用户身上找出这次钓鱼任务惨败的原因。

事实证明这次失败的根源在我。第一家公司是一家制造公司，员工年龄介于 35 岁和 55 岁之间；而第二家公司是一家零售公司，员工的年龄介于 19 岁和 29 岁之间。当第二家公司问员工是否看到这封邮件，而又为何没有点击时，他们这样答道：“没错，我看到了，可老人家才会用领英，我用 Facebook。”

（**捂脸**）我因为第一家公司的成功而得意忘形，所以根本没有思考这种钓鱼方式可能并不适用于所有情况。每家公司都需要一种个性化的网络钓鱼信息。这次经历同时也坚定了我对网络钓鱼类软件服务的不认同，因为这种服务完全依赖模板。

即使你进行网络钓鱼是出于教育性的动机，也要遵守图 9-1 中的金字塔步骤。从 OSINT 开始，准备一次吸引目标客户的网络钓鱼，然后达到你的目的吧。

9.3.2　渗透测试型网络钓鱼

渗透测试型网络钓鱼和教育型网络钓鱼基本相同，但二者存在一个巨大差别：最终目标。渗透测试型网络钓鱼的目标不是为了教育，而是为了进行远程访问、获取凭证或以其他形式攻下目标。

渗透测试型网络钓鱼一般会利用恐惧、贪婪、惊喜甚至悲伤等情绪。我之所以会用到这些情绪，是因为渗透测试中的网络钓鱼需要的不仅仅是一次点击，我往往需要目标打开一个文档，忽略警告，以及（或者）输入凭证。因为这些步骤会花费目标更多的时间，所以我需要让目标更久地处于 α 模式，故而需要更强烈的情绪触发。

举个例子，我做渗透测试的一家公司热衷于 Apple 公司的一切产品。这家公司几乎所有的员工都使用 Mac 笔记本，也热衷于谈论自己新买的 iPhone 手机。我们的渗透测试在某个新款 iPhone 发布前后开展。我给这家公司的员工发送的钓鱼测试邮件包含了这款新 iPhone 的精美图片，还有一条看似来自人力资源部的信息：

> [公司名] 将抽取 10 名幸运员工，每人奖励一台最新款 iPhone，附送 1 年通信服务费套餐。抽奖将于下周五下午 3 点开始，参与抽奖只需访问下面的内

网网页，输入你的企业登录账号和密码，你的信息就会被自动录入。[网址]

祝你好运！

我们买下了一个域名，创建了一个假的内网网页，其中包含两个文本框和一个按钮，以及企业 logo。我将这封网络钓鱼测试邮件发送给了 1000 人，随后收到了 750 份企业登录凭证。

在恰当的时间对恰当的人使用恰当的情绪触发方式，能让你获得巨大的成功。

9.3.3 鱼叉式网络钓鱼

鱼叉式网络钓鱼（及其所有变种）是一种个性化的网络钓鱼形式。在对目标及其（我能找到的任何）亲属进行深度 OSINT 之后，我通常会把一些非常个人化的信息用到我的伪装中去。我找到和使用的 OSINT 往往来自目标的家庭成员在社交媒体上发布的内容。

有一次，我发现目标和他的一些朋友去过拉斯维加斯欢度周末。他的朋友发布了与那个周末有关的大量恶作剧照片，这条 OSINT 被我用到了伪装中。

我以他曾住过的酒店的名义向他发送了一封钓鱼测试邮件，内容如下。

[目标姓名] 先生：

7 月 3 日至 8 日，您曾入住我们的酒店。经检查，我们的清洁工发现了一件可能属于您的物品。您能否查看附件中的图片，并告知我们这件物品是否属于您？

如果这件物品是您的，请访问以下链接，填写表格，以便我们将其邮递给您。

谨上

酒店员工

为什么我明知道这个包含恶意软件的附件并不包含图片，也要附上链接呢？这是因为收信人可能会在注意不到这一点的情况下查看表格内容。这个表格要求填写以下信息：

- 全名
- 邮寄地址

- 电话号码
- 电子邮箱
- 出生日期（证明年满18岁）
- 目标预订房间时使用的信用卡卡号后四位

这个伪装非常成功，我不仅成功实现了入侵，还获得了大量额外的OSINT，以便进一步攻击使用。

即使我在针对性网络钓鱼伪装中会用到个人信息，我也不会使用会伤害对方的OSINT。

9.3.4 小结

我不知道你是什么情况，我的每个账户平均每天会收到200封甚至250封以上的邮件。上次我查看邮箱时，我的工作时间就被查看邮件占满了，这可不行。

疯狂的事实

根据The Radicati Group[①]的报告，2017年平均每天的电子邮件发送量是2690亿封，也就是平均每秒有310万封。另一个有趣的事实是，我认为其中有一半都发到我的邮箱里了（好吧，这可能有点儿夸张了）。

由于电子邮件是我们经商、全球化交流、保持联络、写信甚至购物的手段，它也成为社会工程攻击中使用最广泛的向量之一。作为一名职业社会工程人员，你必须学会如何基于可靠的OSINT，精巧地设计外观专业的电子邮件，从而真正地测试出你的客户对这种向量的敏感程度。

9.4 电信诈骗测试

2015年，**电信诈骗**这一词条被《牛津英语词典》收录。我说我对这个词的普及负有责任，可没人信我。（我半开玩笑的。）

电信诈骗的英文单词vishing由voice（声音）和phishing（钓鱼攻击）组合而成，即通过电话进行钓鱼式攻击。相比前几年，该攻击向量大幅增加。我的理解是，因为它非常有效，所以越来越流行。

以下是我在渗透测试中选择电信诈骗作为攻击向量的几个原因：

① 瑞迪卡迪公司，科技行业市场研究机构。——译者注

- 获取凭证；
- 丰富 OSINT；
- 彻底的入侵。

为了让你明白它们的特别之处，我将对它们逐一进行探讨。

9.4.1 获取凭证

我和我的团队经常在渗透测试中借助技术手段进行入侵，但我们也会试一下电信诈骗或网络钓鱼，看看能否获取一些让我们更容易入侵网络的凭证。

在一次任务中，完成线上 OSINT 之后，我获取了 10~15 个可用于搜集凭证的号码。我先基于搜集到的其他 OSINT 构建伪装。我发现目标公司正通过一家第三方外包 IT 公司，管理其从一个操作系统向另一个操作系统的迁移。这是一次大型的系统升级，不仅需要升级操作系统，还需要一并升级依赖于该操作系统的其他软件。

我的伪装身份是来自 Secure IT（这个公司的名字是为了本书内容而虚构的）的 Paul，来检查公司员工机器的升级情况，因为我们发现这些机器之间的通信有些问题。我们的对话如下。

目标：早上好。我是 Steve，有什么能帮到您的？

我：你好，Steve，我是来自 Secure IT 的 Paul。我想……

目标：**[打断了我]** 哦，是你们啊！你知道我现在的工作有多麻烦吗？你们那花里胡哨的全新升级把我的生活搞得一团糟！

我：我明白，Steve，这也是我打电话的原因。我们注意到你的 IP 地址发来了一些异常数据包，我认为这可能是栈溢出引起的 DNS 投毒[①]。**[话说到最后，我的声音越来越小，并祈祷他不是技术人员。]**

目标：我的计算机中毒了？你在说什么鬼话啊，Paul？

我：不好意思，我——我下意识地用了些术语，真的很抱歉。我的意思是，在安装的过程中，可能有什么问题导致了计算机运行缓慢。我可以带你走一下流程，看看能否修复，你看行吗？

目标：Paul，听我说，我宁愿你派个售后来修一下，我真的不明白你刚刚说的话。

---

① DNS 投毒又称 DNS 污染，即由于域名服务器出错，导致域名指向了不正确的 IP 地址。——译者注

我：　我明白的，Steve，我至少要四五天才能派人过去。不过还有一个选择，就是我远程协助你，如果你愿意的话，我可以登录然后远程修复。

目标：好的，只要你能把这台机器修好，我都可以。那你想怎么做呢？

我：　我已经做好登录和修复的准备了，只需要你提供登录机器用的用户名和密码。

目标：[不假思索地] SMaker，S和M要大写，别忘了。我的密码挺好的，所以不准盗用哦：Krikie99。

如此，我就获得了开启这片空间的钥匙。

说到获取凭证，我发现，如果我能找到更多的OSINT，帮我实现更可靠的伪装，再用上与目标相关的真实细节，我的工作就能更轻松。同时，除了用电信诈骗获取域凭证外，我还通过此手段获取过VPN凭证、电子邮箱、安全存储，以及特定数据库，甚至还有门锁的密码。

9.4.2 通过电信诈骗获取OSINT

在渗透测试中，有时我缺少足够的细节来完成一场攻击，而有时我想在发起攻击前证实一些细节。有一次，我计划对一个目标进行鱼叉式网络钓鱼和电信诈骗测试，但随后发现有多个电话号码和电子邮箱都可能属于他。

为了判断哪个号码真实可用，我们迅速建立了一个伪装身份。我们发现目标频繁往来于加拿大和伦敦之间，于是找到了伦敦的一家希尔顿酒店的号码，伪装成这家酒店的员工，然后一个个拨打了目标的号码。

目标：喂？

我：　您好，请问您是Alfred Gaines先生吗？

目标：噢，我是。请问你是？

我：　打扰了，我是伦敦希尔顿酒店的Paul，感谢您近期选择入住我们酒店。我们有一份有关您入住的快速调查，您能否花30秒……

目标：入住？你可能搞错了，我近几个月来根本没在伦敦希尔顿酒店入住过。你是怎么知道这个号码的？

我：　很抱歉给您造成了困扰，先生，您是Alfred Gaines，号码是846-555-1212，对吗？

目标： 没错，不过你们可能对我近期的入住情况记录有误。

我： 好的，那您是否愿意让我把发票通过电子邮件发送给您，您确认一下是不是您本人？

目标： 当然可以。

我： 太好了。可以发送到 a.gains@hmail.com 这个邮箱吗？

目标： 呃，你发到另一个邮箱吧，这个我不常看。发到 gainesat@gmail.com 吧。

我： 好的，先生，您不用担心，我们将立即把邮件发送给您。

这段对话让我们核实了对方的电话号码和电子邮箱，也找到了一定会让这个目标上钩的向量。

我和我的团队多次用这种方法核实我们找到的数据，并发现新的情报。我认为这种电信诈骗形式非常有效，因为目标没有太多时间决定是否给予帮助。另外，大部分公司也没有就这种向量对员工进行适当的教育。这两种因素相结合，会给公司带来巨大的风险。

9.4.3 通过电信诈骗实现彻底入侵

只通过电信诈骗也是可以实现彻底入侵的。背后的原则都是一样的，只要有合理的伪装和支持性的证据，职业社会工程人员就可以轻而易举地获得最机密的情报。

有一次，我和我的团队要用电信诈骗来测试一家大型金融机构。我们的目标是以高管的身份打进电话，尝试获取他们的用户名、密码或者其他系统信息或数据。

我们的伪装大概是，有一名要去夏威夷度蜜月的女性主管，她在抵达机场后，她的老板打电话说找不到周一会议**必须**要用的报告了。她知道文件在计算机桌面上，但是忘了远程访问的登录名。

我们在 YouTube 上下载了一段名为“机场背景噪声”的音频片段，然后拨出了电话。我在一旁静静监听，在不暴露身份的同时为通话者及时提供对策。对话如下。

目标： 这里是技术支持部。请问有什么可以帮到您？

社会工程人员： **[重重叹息，声音中充满紧张]** 你能听清楚我说话吗？机场太吵了。

目标： 是挺吵的，不过我能听清楚您说话。请问您是？

社会工程人员：谢天谢地，先说声抱歉。[又叹了口气] 我是财务部高级副总裁 Jennifer Tilly，我马上要去夏威夷度蜜月，可领导刚打电话说找不到最近的预算报告了，他周一会议上要用，我得登录计算机发给他，可我把登录名给忘了。

目标：好，我看看能不能帮到您。首先，我需要确认一下您的身份，不过在此之前，我要先祝您新婚愉快，希望您在夏威夷度过一段快乐的时光。

社会工程人员：非常感谢。我真的很兴奋。这是我第一次去夏威夷度假，而且是和我的人生挚友兼新婚丈夫一起去。

目标：祝福您。听到这样的消息我也很开心。Tilly 女士，您能把身份证号告诉我吗？

社会工程人员：你知道事情有多荒唐吗？自从我被准了两周假之后，就没有随身携带任何笔记本或身份证件。我基本上记不住自己的生日，所以我应该也根本记不住我的身份证号。

目标：[努力想帮上忙] 呃，您努力回想一下，没准就想起来了呢。开头是 17，您只需要再多想起五位数字。[这条信息非常重要]

社会工程人员：我真的脑子一片空白。是不是 98231？

目标：呃，的确有个 9 也有个 8，我们再试试其他方法吧。您能告诉我您领导的名字吗？

社会工程人员：当然可以，他叫 Mike Farely。

目标：好，很好。您能说一下您的电子邮箱吗？

社会工程人员：j.tilly@companyname.com。

目标：很好。我会这么做，首先重置您的密码，并将其发送到您的移动设备上，然后您就能登录并拿到那份报告了。我只需要…… [打字声和点击声的背景音] 抱歉，Tilly 女士，我看不到您目前安装了什么远程访问系统。所以即使我重置您的密码，您也无法登录。

社会工程人员：哦不，太惨了。我要离开两周，我的飞机在 30 分钟后就要起飞了。这怎么办？帮帮我吧！[听起来马上要哭了，语气中带着极度的焦虑]

我这时已经发出一条信息给这位社会工程人员，让她请求目标在她的机器上安装远程访问系统，并提供一次性登录密码。他们的对话继续。

目标：　　　　这样，我们可以请求安装远程访问系统，但这很可能要花几小时，甚至可能要到明天才行。

社会工程人员：你真是个好人。只是我丈夫不太高兴了，因为我们本该一起坐在候机室里喝香槟的，现在我却在处理工作的事情。能不能麻烦加快一下进度？

目标：　　　　完全理解，Tilly 女士，您可是马上要去欢度蜜月的人，我一定会尽我所能帮您。您可以等我几分钟吗？

社会工程人员：当然，只是不能太久，我们马上就要登机了。

于是我们听到目标对他的同事说："这位可怜的女士要去度蜜月了，我们得帮她登录她的机器。我们一定能很快做到的，对吧？"

虽听不清另一人的回答，但我们能感觉到大家都愿意帮助 Tilly。过了几分钟，他把电话暂且搁置以便去打另一个电话，然后回来告诉这位社会工程人员。

目标：　　　　Tilly 女士，我要送您一份结婚礼物—— 一位工作人员正在为您安装远程访问系统，再过 10 分多钟，您就能在机器上登录了。

社会工程人员：你真是我见过的最棒的人！我的丈夫会很开心的，这真是最好的礼物了！谢谢你！

目标：　　　　客服通知我的时候，我就会把一次性密码发给您，然后您就能访问了。

社会工程人员：哦不，我不行的，我没带工作用手机，所以没法查看那条短信。

目标：　　　　哦不，Tilly 女士，这就难办了。我也不知道该怎么做了。

社会工程人员：太惨了！这件事真是给了我一个教训，我实在是太笨了，我真该带着手机的。现在我得取消航班，推迟旅行了。不过，虽然很糟糕，但是你人真的太好了，也帮了我很多，真的感谢你。

目标：　　　　　不！我们不会让您错过蜜月的，我们不允许…… [声音极低地耳语道] 听我说，我会把代码发到您的手机上，发送后，我会再通过电话告诉您密码，这样可以吗？

社会工程人员：真的吗？我快感动哭了。

目标：　　　　　不，没什么的。我们得让您上飞机之后完全无须再考虑工作。

就这样，我们拿到了远程访问权限和密码，也具备了随时入侵整个机构的能力。

专业提示　你可能注意到了，我倾向于采用情绪上的伪装，这样就赋予了目标“拯救”或“帮助”我的能力。这背后是有科学原理的。让对方信任你，同时你也信任对方，这就能让两人建立起强大的关联。它能促进催产素的释放，这种关联会让目标将帮助你的想法贯彻下去，甚至忽视此决定所带来的安全隐患。

通过电信诈骗实施彻底的入侵，可以让渗透测试人员的工作更轻松。大多数时候，我们要明白，通过电信诈骗展开的入侵是需要先从 OSINT 钓鱼攻击开始的，然后才能去构建越来越详细的伪装。

9.4.4 小结

电信诈骗是一种强大的攻击向量，如果被不怀好意的人利用，会带来灾难性的后果。因为社会工程攻击中几乎每一方面都可以用到它，所以它是一种强有力的武器。

对于一名职业社会工程人员来说，如果你想要成功，就不要害怕打电话。哪怕它不是你最喜欢的交流方式，也请你学着去接受它。请你锻炼通话的技巧，学习如何建立融洽关系，获取他人信任，并在不与目标面对面的情况下诱导出信息，这都能让你更加成功。

9.5 短信诈骗测试

这一节很简短，因为截至目前，短信诈骗尚未被恶意攻击者或职业社会工程人员广泛使用。2017年，富国银行被攻击，而在这一事件之后，大量的短信诈骗攻击就出现了，其中很多看上去如图 9-2 所示。短信诈骗的内容大部分很简单，但它们非常有效，而且往往用于在移动设备上安装恶意软件或窃取凭证。

online_.secure.wfsfagocards_sup
port@hav.us

Text Message
Today 10:37 AM

(wells_.fargo) Important
message from security
department!
Login.-=>
vigourinfo.com/
secure.well5fargOcard.html

图 9-2 富国银行被攻击后常见的短信

在过去的两年中，移动操作系统沦为了恶意软件和其他攻击手段的目标，主要是为了获取受害者的设备权限。随着公司 BYOD（自带设备办公）风潮的兴起，移动设备遭受恶意攻击的情况也愈发常见。攻击移动设备的方式包括查看邮件、远程打开摄像头或录音机，以及把移动设备作为远程访问接入点。这种攻击已经成了许多企业的噩梦。

因此，人们必须了解短信诈骗是被如何运用的。从下面的几条规则可以看出，短信诈骗与网络钓鱼有很大的不同。

- **简短是关键**。短信诈骗需要简洁明了——没有套路，没有开场白和结语，只需事实和一个链接。
- **链接**。在我看来，最好有一个与你的攻击目标相似的域名，如果办不到的话，那么将短链接放在短信中会比放在电子邮件中效果更好。在移动设备上检查链接的可靠性几乎是不可能的，所以用户必须经过专业培训才能分辨出哪些是恶意链接。
- **不要马虎**。如果你打算获取凭证，那就千万别因为目标用的是移动设备，就对商标的设计和网页的合规性掉以轻心。为了确保你对目标能够彻底进行测试，请你尽心尽力地让一切看起来更加真实。
- **别设置太多步骤**。目标使用的是移动设备，如果你设置了三个或更多个步骤，目标就会失去继续操作的耐心，你的任务也不会成功。

随着 BYOD 的盛行，以及居家办公的员工越来越多，职业社会工程人员应该加深对短信诈骗的理解，并学会用它来测试相应人群。

智能手机的用户群体越来越广泛，其功能也越来越强大，并逐渐成为我们的移动工作生活中不可分割的一部分。这也使我们的客户更难察觉到攻击。

9.6 冒充测试

冒充是最危险的攻击向量之一，也是对社会工程工作人员而言应用起来最具风险的攻击向量之一。因此它是四种向量中最少被用到的。冒充指的是假扮目标公司的员工或可信的权威人物（执法者、维修工人等）。

对我和我的团队而言，冒充是帮助客户时最有趣的向量，风险也相当低。但在实战中，冒充的风险是相当高的，这也意味着这项工作需要大量的前期规划。我们在渗透测试中有“免死金牌”，也就是说，我们不会因为进行测试而真的惹上麻烦，而那些真正的坏人一旦被抓住就会有牢狱之灾。

冒充型社会工程向量与红队测试①

红队测试往往在夜间发起（虽然随时都可以），并且主要致力于破坏物理安全系统——电梯、锁、监控摄像头等。而冒充型社会工程向量则主要关注物理安全系统中人的因素。因此，我们的工作不是要撬开大门，而是要说服掌管钥匙的人帮我们开门；不是要破坏门禁系统，而是要让掌管通行证的人放我们通行。红队测试关注的是安全硬件，而冒充型社会工程向量关注人的因素。

9.6.1 规划冒充型渗透测试

社会工程渗透测试人员应谨记：冒充向量需要考虑到目标的**所有**感官。网络钓鱼只涉及视觉，电信诈骗只涉及听觉，而冒充他人则需要考虑几乎所有的感官（虽然可能和味觉没有太大关系）。

因此，精心地安排渗透测试的各个原则是非常重要的，现分述如下。

1. OSINT/收集信息

在进行现场冒充行动时，我们需要事先做一下评估，而OSINT/收集信息是其中重要的一环。我经常让学生给我拿出一个能确保进入目标场所的伪装方案。你也思考一下，有什么主意吗？

我的学生往往会提出类似假装送快递的方案。我会接着追问，让他们仔细思考一下自己最初的回答：“好，很好。然后呢？你们有多少人见过快递员在大楼里闲逛的？他们一般是不会经过前台或收发室的。”

① 红队测试（red teaming），一种模拟攻击者并对企业实施入侵的测试方式，注重测试的隐蔽性。——译者注

OSINT 对构建一个合理的冒充伪装来说至关重要。在一次工作中，我发现当地的施工会导致往常在春天出没的蜘蛛提早出现。这件恼人的事情甚至上了当地新闻。于是我伪装成了喷洒药剂消灭蜘蛛的工作者，并取得了不错的效果。

2. 建立伪装

我在探讨收集信息时就提到了伪装的建立，但你千万不要在 OSINT 阶段**之前**就开始规划你的伪装。并且，在选好伪装身份之后，你还需要注意很多事情：服装、工具、形象等。此外，你还要考虑是选择看上去全新的道具，还是用过的道具。你要考虑到所有让你的伪装真实可信的元素，以免露出马脚。

不久前，我和我的一名员工一起对几家银行做了渗透测试，通过 OSINT 我们发现，其中一家银行刚刚完成了支付卡行业合规测试（PCI compliance test）。在找到这次测试方的公司名称之后，我们穿戴整齐并佩戴好徽章，伪装成了合规测试公司的员工。这种伪装让我们顺利地进入了 ATM 测试中心。在那里，我们分别使用了一台计算机，甚至还获取了其他员工访问数据的凭证。

当主管走向我们，并问我们的内部联系人是谁时，我们却答不上来。这次失败是我的疏忽，也导致我们暴露了身份。你也许会说，我们已经入侵了网络，并且有将近 30 分钟的时间在 ATM 测试中心里接触多台计算机，怎么还会发生这种情况呢？如果我们能掌握更多数据，或许就能免于露出马脚，并且争取到更多时间了。

3. 规划和发起攻击

进行伪装之后，你还要明白进入大楼之后的目标。换言之，你要明白什么**不能**做。你有权使用远程终端吗？有权入侵服务器吗？你可以拿走大楼内的设备吗？不要因为别人让你扮演坏人，你就认为自己能够为所欲为。这种想法是非常糟糕的。

你要将这场攻击从头到尾都规划好，然后确保你手头有对应的工具，并且要提前做好测试，以便达到理想的效果。

规划完成后，你要确保你的“免死金牌”能适用于所有你想做的事。如果有遗漏的情况，就要想办法添加进去。

完美的行动源于完美的实践。

4. 进行汇报

记住，在社会工程行动中，最重要的是向客户说清楚你做了什么、怎么做的，以及接下来需要做什么。在行动开始前，请确保拿到录制音频和视频的授权。如果你没有获得授权，就请想办法记录下来全过程以便之后汇报。

对我来说，给客户讲述这种攻击的过程是很重要的。我想让客户感觉自己就像能看到、听到和感觉到整场攻击一样，了解哪些手段奏效而哪些手段无效。我发现，多称赞客户的成功之处并实事求是，是非常有益的。

我汇报的目的是让他们“因为读了我的报告而感觉更好”。所以，我不能让他们感到尴尬，不能过分炫耀，也不能完全持批评态度。

至此，本章讨论的原则都能在现场的实际工作中帮到你。我发现汇报也需要充分的规划，而且客户可能会针对你汇报中的信息提出更多问题。以下是我对处理一些敏感数据的想法。

5. 记录的合法性

请记住，我**不是**律师，我说的话并不能被视为法律上的建议。你一定要向专业法律人士请教。

就我公司的工作而言，我们会做以下事情。

- 在工作开始前，先搜索与录制音频和视频相关的法律条文。
- 向客户索取录制音频和视频的书面许可。
- 绝不，绝不，绝不（我说的是**绝不!**）在未经许可的情况下将这些音频和视频用于演讲或训练中。

  即使你获得允许，也应“净化”音频和视频中具有辨识度的内容。这里的“净化”指的是删除所有姓名、工作地点和其他任何具有辨识度的文字。

- 出于教育目的，确保所有音频和视频都呈交给客户。
- 确保介质存储、运输和使用始终安全。

知晓行动的风险以及应该如何使用收集到的信息，这非常重要。在一次工作中，我让一位女性在旁边的计算机上输入她的用户 ID 和密码，在她照做的时候，我用摄像机不仅录下了她的脸，还拍下了她的凭证。为了避免她尴尬，我对她的面部进行了视频打码（模糊）处理。当然了，客户可能之前要求过无码的视频——这是他们的选择和权利。但我先提供了打码的视频，客户也并未反对。如果这段视频是用于教育，那我永远不想让那位女性回顾那些尴尬的场景。

9.6.2 对于净化的思考

在一次工作中，我将针孔摄像机藏在文件夹板中，用于持续录像。随后为了躲开保安，我溜进了一个服务器柜内，却撞见了一对情侣。有一秒钟，我甚至忘记了自己的社会工程人员身份。这对情侣冲我怒吼，我就跑了出去。过了一会儿，我意识到我录下了将近 60 秒的亲密行为。显然我不会把这段录像交给客户，但我必须得考虑一下如何处理它。

最终，我认为客户支付了足够的报酬让我来保护他们公司、公司的网络及其员工，而我所看到的事情违反了公司的政策。据我所知，这可能是一次“蜜罐”行为。如果我没有报告，然后公司因此遭到了入侵，而我本可以阻止它，那我该承担多大的责任呢?

专业提示 蜜罐（honeypot）是指诱惑他人从而窃取机密情报的卧底，也可以指一个用于收集不设防的用户信息的系统（或计算机）。

我认为我有义务上报这件事，而这也的确导致那位男士被解雇了。为何女方没被解雇呢? 这是因为她并非公司员工——是男方把外来人员带进了这个服务器柜，做了不该在办公环境做的事情。

你必须判断你要消除录音或录像中的哪些内容。如果出现在其中的人员只是受到了社会工程攻击，并非恶意违反公司规则的话，我就会对他们进行“净化”。我的关注点一直在于努力确保教育他人，而非让他人遭到解雇。

然而，如果我发现有人偷窃、违规获取数据或者剥削童工（但愿不会如此），他们就无法得到职业社会工程人员的任何怜悯，因为职业社会工程人员要保护的是自己的客户。

9.6.3 设备的采购

你可以在很多地方找到摄像头。从网店到专卖店，能买到这类设备的地方有很多。请记住，一分钱一分货，上百元的渗透测试摄像机画质和稳定性一般很差，而上千元并且附带 DVR 录像功能的纽扣摄像头一般会好很多。

请你在购买之前稍加调查。我在下单前一直都会做以下两件事。

- 了解退货政策，确保在摄像头坏了的时候，不需要把它寄到国外。
- 阅读产品和公司的评论，确保我买的东西有足够高的性价比。

说明　在成为一名优秀的社会工程人员的同时，你可能也需要一段时间来找到最佳的拍摄角度。因此，我一般会同时使用多台摄像机，这样至少能有一个不错的拍摄角度。

9.6.4　小结

只要规划得当，执行这个复杂向量就变得容易多了。记住，冒充和红队测试是不同的，你需要做好充分而可靠的规划，确保你能彻底测试到现实中的安全协议。

作为一名社会工程渗透测试人员，一定要明白自己的行动范围，以达到客户的所有目的。尤其是当目标要求你在报告中概述解决问题的方法时，作为一名社会工程人员，如果你不仅明白自己做了什么，还能明白这么做为什么有效，那你的最终报告就更有价值。

我们发现越来越多的攻击与实物安防有关：USB 掉落攻击（指故意掉落 USB 设备，让别人捡到，插入计算机，从而实现攻击）、设备盗窃，甚至是工作场所的暴力行为。因此，职业社会工程渗透测试人员必须掌握冒充型社会工程向量，并在工作中熟练应用。

9.7　汇报

我刚参加工作时，曾被委托入侵七座仓库。当时我入侵的成功率达到了 100%，甚至能够凭借不同的伪装身份，在同一天两次进入一家仓库。

这种感觉特别好，我还把整个过程录了下来，等待客户到来。项目主管让我开始写报告，并发给了我一个模板，这个模板除了几个标题外一片空白。

我盯着它看了好半天，写写停停，然后又擦掉重写。过了好几小时，我才完成了一篇自认为足以名留青史的杰出报告。

我不由得浮想联翩：报告团队在收到并阅读了我的报告后，就会在大街上撒下棕榈树叶，欢迎我进入大楼。于是我提交了报告，静等着一番高度赞扬。

一天后，我的电话铃响了，电话那头是这么说的（我尽可能把这段话复述得友好一点）：

> “Chris，你发到我邮箱里的那堆臭垃圾是什么玩意儿？你是故意的还是在搞笑？你觉得这份报告能通过吗？我已经批注完发给你了，马上给我修改，就现在！”

我拿回我的报告，它已经不是白底黑字、干干净净的文件了，上面满是红红绿绿的批注，似乎每一段都需要大幅修改。

我又花了两周来修改这份报告。这是我汇报生涯中最糟糕的一次经历。同时，这也是我最好的一次经历，因为它让我明白了好的报告应该是什么样子的。我最初的报告里有一段故事情节，把我自己描述得天花乱坠——就像詹姆斯·邦德[1]一样。但它漏掉了一些可能对客户有用的关键信息。

虽然本章的这一部分并不是专门讨论报告写作的，但我还是想在此分享一些写作原则。

9.7.1 专业素养

成为一名专业人员的核心在于具备专业素养。想想看，你去看医生时，会希望对方是一名专业人士。想象一下下面这个场景。你站上体重秤时，对方说：“**哇，这么胖！**谁来给这头巨鲸再喂点吃的？”然后他拍了拍你的背说：“开个玩笑而已。”

我想没人不反感这一点。类似地，我们的客户也不想听到诸如“我们彻底把你拿下啦!”“哇，这个人竟然会把这玩意挂在网上!”“你的仓库都是我们的啦!”之类的话。（貌似最后一句话我曾说过。）

记住，这份报告会有很多人阅读，所以你要注意措辞，要让人们感到快乐而不是尴尬或羞耻。你的语言、描述和传达事实的方式，都应该体现出你的专业素养。

9.7.2 语法和拼写

语法和拼写错误是我个人最无法忍受的事情。是 attack vector（攻击向量），不是 attach vector（附属向量）；是 rapport（融洽关系），不是 report（报告）。你明白了吧。一定要抽时间检查一下全文的拼写，然后再找一个信得过的人复核一下。

即使进行了这些检查，你仍可能会遗漏一些错误。失误总是难免的，不要期望完美，但也别把一份漏洞百出的报告交给客户，不然他们会觉得你对这份工作不上心。

9.7.3 所有细节

我之前曾听渗透测试人员说，他们会在报告中省略特定细节，比如如何找到 OSINT、Google 搜索的关键词或其他做法。这是因为他们觉得，如果给客户提供太多信息，客户就不会再需要社会工程服务了。

---

① 《007》系列小说、电影的主角，身份是一名特工。——译者注

我觉得这种论调愚蠢无比。在撰写《社会工程：防范钓鱼欺诈（卷3）》（这本书中简单介绍了制作钓鱼软件的方法和流程）的时候，我也听到过同样的说法。然而，事实恰恰相反：很多公司基于这本书构建了很不错的防钓鱼程序，也有很多读者希望通过我的帮助为自己构建类似的程序。

不用担心透露给你的客户太多信息。大多数人会欣赏你的知识，并对你的发现心存感激。他们也会希望能跟一位足够自信、愿意跟他们分享所有细节的人长期合作。

也就是说，如果你发现了高度机密的情报，请一定要和你的联系人交流，弄明白哪些应该、哪些不应该写进报告中。

9.7.4 整治方案

整治方案可能是报告中最重要的部分，但也是最容易被忽视的部分。有谁会希望医生跟你说，你得了重病，然后说“祝你好运”后就离开？或者对你说“那就下次体检再见……如果有下次的话”？这当然不行。所以你也不能对客户这么做。你要给他们一些可执行的整治方案。

如果整治方案的步骤全是各种陈词滥调，那对你的客户而言又有什么意义呢？举个例子，假设你在为一位客户做电信诈骗测试，当月的成功率达到了80%。那么你觉得，以下哪种整治方案更能帮助你的客户呢？

- **选择1**：我司建议您继续测试您的员工，通过正强化的方式引导员工对电信诈骗攻击做出恰当的反应。
- **选择2**：我司分析了贵公司本月的电信诈骗测试数据后，发现以下两点可用于将来的培训。
    - 使用同样的伪装时，女性致电者相比于男性致电者的成功率更高。这可能意味着您需要通过培训加强员工对诱导的识别。
    - 当给出假的员工名时，只有12%的员工尝试核实姓名，并且仍有几名员工在未能核实姓名的情况下继续提供信息。这表明您需要通过培训加强对致电者身份的核实。

  我司愿意在继续测试的同时，与您通话探讨如何将以上问题融入培训规划。

显然选择2更佳，但往往我们会在报告中包含一些无法执行的陈述（我承认我们团队也犯过这种错），这些陈述对客户没有实质性的帮助，纯粹是充字数。

即使从事这些工作多年，我也经常需要反省自己有没有自满，有没有为我的客户付出百分之百的努力。

9.7.5 后续行动

客户除了想知道整治方案（用于修复问题），往往还想知道接下来该干什么。在报告末尾注明后续行动是必不可少的。这能让客户明白他们应该做什么，并期待着下一步动作。

我的意思是，你不要简单地说一句“下次渗透测试再见”。正如我前面所说的，你应该遵循和整治方案相同的原则。给客户足够多的细节，让对方能整装待发地沿着清晰的路线前进。

我的很多客户都是月度服务客户，所以他们都是知道前进方向的，但这并不意味着我可以完全依赖这一点。客户仍会想了解我们是否应该做出改变或调整哪些地方，来更好地优化整个计划。

当你把这些步骤结合起来时，你的报告将能真正帮到客户，并让他们因为遇到你而感觉更好。

9.8 社会工程渗透测试人员的常见问题

在本章结束前，我想谈谈作为一名职业社会工程渗透测试人员我最常被问到的问题。这类问题肯定有很多，不过我列出了一些最常见的，无论你已经是从业者，还是正在往这个方向努力，我都希望它们能对你有所帮助。

9.8.1 如何获得一份社会工程人员的工作

这可能是我职业生涯中被问得最多的问题。当你决定了你的职业方向后，会做些什么？首先你得有一个切入点，而这正是这个问题不好回答的原因。可能你过去 10 年里从事的都是你当前的职业，有着专业知识和技能，也有了与你能力相符的薪酬水平。转行为一名社会工程人员则意味着，你不仅需要重新积累技能和经验，薪水也会大打折扣。我能给出的最好建议是，你需要自愿做以下几件事。

- 走出舒适区。
- 从零开始。
- 学习全新的技能。
- 如果需要的话，接受减薪。

如果你能做到这些，就能开启不错的社会工程生涯了。不过（万事都有转折，对吧？）你也不能等着社会工程公司打电话给你提供工作。社会工程人员毕竟就那么多，你必须证明你的与众不同。这就需要下点功夫了。

说明　记住，职业社会工程人员不光是进行入侵银行和通过网络钓鱼获取终端等测试，还要做很多办公室工作和汇报。职业社会工程人员不仅要有交际能力，还要在压力之下保持思维敏捷、头脑清晰，并且有能力把控全局。

下列各项中，你的弱项是哪个？

- 诱导
- 沟通顺畅
- 思维敏捷
- 撰写优秀报告
- 专业演讲

你需要先了解它们，然后才能有所改进。

9.8.2　如何向我的客户推广社会工程服务

假设你已成为一名渗透测试人员，并且正在做一些社会工程工作，那么本节将告诉你一些技巧，让现有客户雇你做更多的社会工程工作。

1. 不要向他们提供免费服务

有人建议，给客户提供一些免费服务，让他们尝到甜头，他们就会雇你做更多工作。然而，我经历的一件事证明，这一策略并非像你想的那样有效。

我刚刚进入技术行业时的工作是生产计算机。我试过开展一场有关小企业如何确保安全的研讨会。在会上，我花了 60 多分钟来讲解预防病毒、网络设计和文件共享等方面的实用技巧。最后，我又做了 5 分钟的销售说明，阐述为什么这些公司需要我作为他们的供应商，为他们提供这些技术。

我和当地一家商会合作，免费推出这场演讲。我们计划举办三场这样的研讨会，报名的人数众多。每场研讨会都有二三十人（甚至更多）报名参加。我好像已经看到了财源滚滚的景象，感觉自己仿佛已经胜券在握。

第一场研讨会如期而至，我走进会议室并架起投影仪，将宣传册和我自掏腰包购买的赠品都摆放出来。开始前 5 分钟，屋里只有一位听众，距离开始只有两分钟时仍是同样的情况。正式开始时也并没有其他人出现，太尴尬了。我只好开始对着唯一的听众演讲。过了 5 分钟，他却说："嘿，这样太奇怪了，你想不想出去，咱们边吃边聊？"

我有些迷茫，不知道为什么会这样。第二场研讨会同样如此，我只好取消了第三场。有人建议我："嘿，下次研讨会，你每个人收50美元的报名费吧，跟他们说掏钱后就能得到价值远超50美元的东西，但一定要让他们付钱。"

我可不想这样。我觉得如果免费的研讨会都没人参加的话，就更不要提让他们花钱参会了。然而，当我的研讨会开始收费之后，屋里竟然坐了 10 个人，而且每人支付了50美元。

怪了!! 我倒不是觉得参会的人数比报名人数少了，而是真的来了10个人，并且都是愿意付费听讲的人。

后来，我和那位建议我收费的商业伙伴聊了聊，他向我解释说，当人们花钱时，无论是多么小的一笔钱，他们都会对此附加价值。如果你报名了，也交了报名费，却没来听研讨会，你的50美元是不会退给你的。这就是让人前来参加研讨会的强大动力。

当我刚开启社会工程的职业生涯时，我似乎从未因免费提供服务而有所获益。我受邀去全球各地演讲，而且不收分文。但我发现人们经常会爽约，或者拖拉到最后一分钟才出现。

我的一个朋友 Ping Look 让我不要再免费了，而是改成固定收费。我很不愿意接受她的建议，但在反思了我之前的经历之后，还是决定试一试。

奇怪的是，人们更愿意多花点钱，也好像更看重我了。这件事改变了我的从业方式，而且从那时起，我再也不会免费提供什么东西了。

我讲了这么多，意思就是，不要以为免费分享你的专业知识和经验，别人就会重视你。这样做是没用的。但你可以在这之间寻找一种平衡，比如提供优惠的高端服务或签订三个月服务套餐再赠送一个月。你可以在收费方式上有所创新，但你要清楚，免费工作只会让你的专业知识贬值。

2. 直面失败，然后再接再厉

如果我遇到一位潜在客户，但这个客户对于接受我的服务这件事还有些犹豫，那我会首先提出对他公司某位领导进行鱼叉式网络钓鱼，以展示社会工程的有效性。通常当对方意识到危险和潜在收益之后，就会掏钱购买这类服务。只需稍微展示一下专业水平，就能让我获得与一家公司更多的合作机会。但有时候光这样也不够，而且对方也不想获取进一步的社会工程服务。

如果你没办法让对方相信你能帮到他，那你该怎么做呢？转身走开就行了。记住，强扭的瓜不甜，最好还是直面失败，然后再接再厉。

如果一家公司完全不考虑把社会工程纳入其安全方案，那你可能也不需要这个客户。与他们合作会让你感到非常郁闷，而且他们最终也不会认可你的价值。

有个客户与我合作了四年。刚开始跟他们合作时，他们简直可以说是完美客户。和我对接的人非常优秀，也很少出错。我们的项目非常成功，客户从中看到了巨大的变化。但客户公司负责这个项目的内部联系人随后得到了一家规模更大的公司的青睐，受邀去负责安全项目。她把握时机跳槽走了，我表示理解。之后又来了一位女士接替她。

我和这位新来的女士合作的第一天就发现，情况不一样了。这位新的联系人脾气较差，处事过于自我，也不愿意冒险，而且不像她的前辈那样能够深入钻研项目。最终这个项目搁浅了，人们又回到过去的状态。虽然网络钓鱼测试的统计数据在纸面上看起来还不错，但项目其实是停滞不前的。

在我与这家公司分道扬镳的六个月前，我曾告诉我的团队，我们会失去这个客户，最终也的确如此。这是我们这样丢失的第二个客户，不过我觉得这是最好的结果了。因为他们不想让这个项目朝着更合理的方向发展，所以这让我们彼此都很郁闷。

如果每天的时间和所能服务的客户都是有限的话，我宁愿和那些想要看到变化的客户合作。不要害怕放弃那些并不适合你的客户。

9.8.3　我该如何收费

我经常听到这种问题，但我觉得本不应该把这个问题纳入书中，因为答案十分复杂。但是因为它太常见了，所以我还是尽可能解释一下吧。

首先你要了解，你作为顾问每小时可以收取多少费用。我做了一点调查后找到了一些网站，上面给出了全球不同地区的安全顾问小时费率的建议。

小时费率受很多因素的影响，比如工作年限、该领域的专业知识、公司的知名度，以及提供的具体服务。

为了方便计算，假设我的费率应为每小时 100 美元，这个费率是通过（根据经验）每月发送 1000 封钓鱼邮件要用掉我 20 小时计算出来的。我还要花 3 小时进行 OSINT，7 小时用于写报告。也就是说，我每月总共要花 30 小时。我的一年期费率计算过程如下：

$$100\text{美元/小时} \times 30\text{小时/月} \times 12\text{月} = 36\,000\text{美元}$$

这个规则不是一成不变的，只是一种估算我的收费的方法而已。我也可以通过改变以下元素来调整费率：

- 公司规模；
- 多年期合约；
- 我对客户的感受（这就非常主观了）。

重点是，以上计算能让你更容易算出你的费率，但那并不是最终答案，而只是为你如何收费起到初步指导的作用。

9.9 小结

我读过一份报告，其中声称美国只有很小一部分公司会在月度活动中进行网络钓鱼防范意识的培训。

在只有很小一部分美国公司开展了相关培训的情况下，我的公司在过去 3 年里的利润就增长了 300%，那么如果有 20%、30%甚至 50%的美国公司开始主动培训呢？

事实是，专业合规的职业社会工程渗透测试人员的需求量很大。我不能独自一人揽下所有工作，所以我需要尽可能多的帮助，这样才能让所有有需求的公司得到最好的服务。

我认为这个世界永远需要人类作为劳动力。因此，人类的弱点也会一直存在。此外，人们还需要应对那些针对移情中枢、恐惧中枢和逻辑中枢的接连不断的攻击。这些攻击会拖垮他们，并让他们做出错误的决策。

我们将需要社会工程专家帮公司学习如何防备那些攻击。我认为，应对攻击的人工智能和技术的确会飞速发展，但我们一定还会需要人类之间的互相帮助。

你可能是因为想要进入社会工程行业才阅读这本书；你可能是在职的专业人士，想在书中寻求一些技巧和窍门；你还可能是出于很多其他原因才选择了这本书。无论如何，你都得认真阅读下一章，学习如何准备一个 M.A.P.P.。

第 10 章
你有没有 M.A.P.P.

我坚信，你应控制好能力所及之事，忘掉无能为力之事，绝不在不值得的事情上浪费精力。

——Josh Citron

我认为一本致力于培养职业社会工程人员的书，如果缺少本章的内容，则是不完整的。为了提高测试成功率，你可以用上所有攻击手段，外加心理学、物理学和撰写报告的技巧。但如果没有 M.A.P.P.，整幅社会工程拼图将缺少至关重要的一片。什么是 M.A.P.P.呢？它指的是**防治规划**（Mitigation and Prevention Plan）。

为什么需要防治规划呢？如何帮你的公司或客户建立一个这样的规划呢？你又如何通过规划减缓社会工程攻击导致的损失呢？我将在本章回答这些问题。

随着与客户合作的不断深入，我意识到了一件重要的事情，那就是我的职业目标是比较奇怪的：将工作做到足够好，好到让自己失业。是的，你没看错，我必须帮我的客户学会如何抵御社会工程攻击，直到他们最终不再需要我为止。

你遇到过那些号称自己的成功率**始终**是 100% 的渗透测试公司吗？作为你的衣食父母，当客户知道自己难以取得进步，或者说无论取得多大的进步都会败给社会工程人员时，他们会多么沮丧呀。这种宣传让人看不到希望，仿佛无论客户做什么都无法堵住他们所有的安全漏洞。所以，最后你就能明白为什么客户会说出“那我们为什么还要自找麻烦呢”这种话了。

顿悟了之后，我决定帮助客户规划，包括如何减少损失以及如何更高效地截获这些攻击，这样他们最终只需要做基本的维护就够了。如果你是像我一样的职业社会工程人员，那么阅读本章会让你的事业更上一层楼；如果你经营着一家公司，那么本章将帮你制定属于你的 M.A.P.P.。

我是在一次尝试改善身体状态的时候才彻底明白这个道理的。当时我试了各种办法，最后都失败了。在白帽黑客的圈子里，我曾遇过几位曾显著改善身体状态的人。于是我向其中一位请教个中秘诀，他让我去找一位名叫 Josh Citron 的人。

Josh想先通过视频和我聊一聊。我真的不太愿意——因为在我想象中他身材超好，而我不愿意让自己肥胖的身形出现在镜头中。我没有费太大的功夫就在网上找到了他的照片，他肌肉发达得像个怪兽，看起来像能举起小汽车跑上 10 千米一样。

想一想，如果我初次见到 Josh 的时候，他这样说："Chris，事情是这样的。如果你能照我说的去做，保证每一句话都听，不会骗我，并且一直为此付费……那你也瘦不下来。你只会一直发胖，而且也不会变壮。让我们开始吧！" 我可能会像看疯子一样看着他。或者如果他在视频聊天时因为我的肥胖懒惰而表现出轻蔑的话，那我很可能不会继续和他合作。

然而实际上 Josh 跟我说，如果我按照他所说的去做，我就会逐渐看到身体状况的改善，当我达到目标的时候，只需要继续维持这个状态就可以了。因为他对我十分尊重，所以我也准备好疯狂一把啦。

Josh 帮我制定了一份 M.A.P.P.，它不是那种激进的节食方案——比如只吃一些类似于沙拉之类的缺乏口感和满足感的食物，而是减缓不良习惯的危害，培养新的更好的习惯。最终，我改掉了坏习惯，决策能力有所加强，了解了如何在各种情况下做出最佳决策。

这个过程可以直接应用到制定社会工程和安全 M.A.P.P.中。我将制定 M.A.P.P.的过程分成了 4 个步骤。如果你能遵守以下步骤，那你将从中受益匪浅。

- 第 1 步：学会识别社会工程攻击。
- 第 2 步：制定切实可行的策略。
- 第 3 步：定期检查实际情况。
- 第 4 步：落实合理的安全意识项目。

我可以承诺：如果你遵循以上步骤，就一定会看到你所期望的变化。变化不会一蹴而就——它取决于公司运转、企业文化等因素，有可能要花数年的时间——但它一定会起效的。

准备好开始了吗？

10.1　第1步：学会识别社会工程攻击

在我年轻时，曾为了学习格斗去参加武术课程。我还记得见到教练的第一天，作为初次见面的测试，他向我出拳并让我尝试格挡。可在我看来，他似乎凭空多了几双拳头，我被打得毫无还手之力。

幸好他并没有把我打得鼻青脸肿——他攻击我的力道很轻，但确实招招都能打中。一年后，我已能成功格挡他的大部分攻击。这是因为我学会了识别他的出招意图和套路，所以我不但能做出预判，还学会了如何反击。

第1步看似浅显易懂，实则不然。你觉得公司里有多少人能分辨网络钓鱼、电信诈骗、短信诈骗和冒充呢？有多少人能意识到垃圾箱供应商的名称被攻击者利用后会有多危险？你的员工中又有多少人了解恶意软件、勒索软件和木马病毒呢？

别误会：我不是说每个员工都得成为社会工程界的“李小龙”，但至少他们都得了解社会工程攻击会带来什么样的后果。适当地了解攻击是什么、攻击的主要形式及其可能带来的后果，这是非常重要的。

你可能会想：“那具体应该怎么做呢？”问得好。想想看，如果我走进那家道场，教练对我说“你想学格斗吗？到垫子上来，和这个打了20年的五段高手比拼一下吧”的话，我肯定转身就跑了。如果他只是带我到计算机前看上一段20分钟的武术CBT（computer-based training video，计算机视频辅助训练），然后就把我送上擂台的话，我可能还是会转身就走。（先别指责我！我的意思不是计算机辅助训练毫无用处，但把它作为项目的主要组成部分是不合适的。CBT有其特殊作用，我将在本章稍后探讨。）

我从我的教练身上学到的（也是你应该期望从一位社会工程专家那里学到的）是辨别和**承受**社会工程形式的“攻击”的技巧。我先接受了正规的姿态训练，然后开始用重沙袋和轻沙袋训练，当教练觉得我已经做好格斗准备之后，就让我和能够帮我提高技巧并且不会伤到我的对手进行对练。

首先要学会识别和了解这些攻击，这样你的团队就已经高于平均水平了。你要帮你的员工了解他们掌握的信息的价值——电子邮件可以用来入侵整个公司；电话可以用来获取密码和其他敏感信息；如果他们的移动设备被黑客控制了，就能用于攻击他们的家庭网络和工作网络；不能因为对方面带微笑、态度友好和善，就忽视了我们的通行证使用守则。

如果你的员工了解了可能出现的攻击，他们就能受到启发，从而更加警惕。因为我每天都和这些攻击打交道，所以有时候会忽略了并非所有人都了解这些攻击。

我和一位朋友聊天时，他告诉我，他的祖母通过 MoneyGram[①]汇出了一大笔钱，因为打电话给他的那个人自称是她的外孙，并且需要一笔保释金。我说："噢，不！她上了'祖母骗局'的当了！"

他问："什么东西？"

我跟他解释说，这种攻击非常普遍，他却生气地回应："如果你早就知道这些事情，为什么不早点提醒你的朋友们呢？"

他说得没错。我认定所有人都了解这些事情，其实不然。我的提醒能挽救他们吗？可能不行，但我还是吸取了教训。

回到我和健身教练 Josh 的故事。在第一次视频会面之后，我需要在接下来的一段时间里每天给他发送健身日志，但其中有几天我忘了。你知道 Josh 是怎么做的吗？他从不像训斥孩子一样训斥我，他不追责于我，但更没有放弃我。他只是说："没事，但下周要更努力。"

我们应该学以致用。不要认为人人都有与这些攻击相关的常识。那些不懂这些知识的人并不愚蠢，也并不差劲，更不是咎由自取。你要富有同情心，要学会这样想："好，我们下次会做得更好。那具体应该怎么做呢？"这样的想法一定可以让你离成功更进一步。

10.2　第 2 步：制定切实可行的政策

一开始 Josh 先让我了解一份食物真正的量。他会告诉我一天应该摄入多少蛋白质、碳水化合物和脂肪，然后让我自己做决定。我可以一顿饭吃完一天的量，但之后就只能饿肚子了。

Josh 还教我不要依赖我的眼睛。他曾让我把我认为合适的食物量盛到盘子里，然后我一称重才发现比我想的要多得多。这条规则，或称"政策"，给我上了宝贵的一课：要改变我的决策习惯。

在安全领域，**政策**似乎是一个不好的词。大部分人不喜欢制定政策、强制实施或被迫遵守政策。我发现，人们不喜欢政策，往往是因为它们没有意义，或者意图不明确；也可能是因为政策太严苛，似乎会在人与人之间建立起敌对关系。

想要做到平衡并非易事，但想要成功创建一个安全的环境，让大家充满安全意识，

---

① 速汇金，一种个人间的环球快速汇款业务。——译者注

又必须如此。

什么是好的安全政策？不过于严苛而又切实可行的吗？以下几条完善可靠的规则有助于你制定一条好的安全政策。

10.2.1　避免过于复杂的政策

有些政策常常过于宽泛而笼统，这会导致执行者顾虑过多并反应过度，这是政策的制定者对这些攻击缺乏了解造成的。但这并不是说你不需要考虑员工的感受。你要明白，有时越不需要员工费时思考的事情执行得越好。简单是最好的。

举个例子：我的公司曾被委托对一家大型金融机构实施电信诈骗攻击测试，超过 80%的情况下我们成功获取到了目标的个人信息，归根结底是利用了他们的同情和信任。

不得不说的是，他们的员工真的很棒，我们也不想改变这一点。想想看，如果我们给的防范建议是“让你的员工不要相信任何人”的话，这得多吓人啊。这家公司做出了一个令人惊讶的举动。他们只规定了一条切实可行的政策：“不得给未经授权的用户透露任何信息。”

不仅如此，他们还明确了什么是有价值的信息，以及如何恰当地验证用户身份。然后他们还做了一件意义重大的事：如果对方没有正确回答问题，将限制员工进行下一步操作的权限。请看下面的例子。

攻击者： 你好，我是 Joe Smith，我需要知道我的账户信息。我有账号，可是把密码给忘了，你能帮帮我吗？

客服： 当然了，但在此之前，Joe，我得确认一下你的身份。你能……

客服会根据指示提出一系列问题，将答案输入文本框，只有回答正确，客服才能进行下一步。

我随后跟进了这项政策的培训结果，再次进行了测试。有了合理的政策、扎实的培训和相关知识，客服变得无懈可击。他们依旧是那群善良的人——实际上他们有多次因为不能帮上我的忙而由衷地感到难过，并竭尽所能地想办法，但最终还是无能为力。政策和培训让客服可以无须多加思考就能保障安全。

10.2.2　避免盲目的同情

这条准则不是让你“不要有同情心”。我绝对不会建议你这么做。但是，你需要避免因同情心泛滥而忽视了制度。

我有一个英国好友，名为 Sharon Conheady。她在怀孕的最后阶段做的一次社会工程工作，就是用她的孕妇身份引起了对方的同情。

Sharon 在一个大箱子里装满了看似很重的物体。她假装很艰难地搬着箱子走向大门，有好几个男人跑来帮她。他们替她把箱子搬到了机房，却从没想到要检查她的 ID 或通行证，毕竟孕妇怎么可能是“罪犯”呢？

这些老兄帮助孕妇的做法是对的。我们永远不会阻止人们的善意关怀。所以，该公司制定了一项政策，教育员工应该随时帮助有需要的人，但在护送他们到公司的任何地方之前，都要检查通行证验证身份。

光在口头上说“验证所有访客的身份”是不够的，这是因为当人心生同情时，人脑的杏仁核会关闭逻辑中枢，促使你完全依靠感情行事。而教育、提醒和清晰的指导则有助于避免盲目的同情，从而保障过程的安全。

10.2.3 让政策切实可行

我曾亲眼见过这样的政策：“不要点击恶意链接。”你认为这句话听上去如何？如果你说：“挺好的，值得效仿。”那我请你放下书，并用书扇一下自己的脸。

做完之后，请你再往下读。

这种政策非常差劲儿，因为它对员工来说不够详细。员工怎么知道什么是恶意链接？

这个政策也未包含“如果”条款。如果你点击了恶意链接，会怎么样呢？它需要进一步说明：“如果你在收到电子邮件、接到电话或与他人交际时发现异样，请将问题汇报至 xxxxxxx@company.com。”

等等，还没完！你还要告诉员工**如何**正确汇报——转发相关邮件，说明相关致电人的身份信息等。你需要汇报什么细节？汇报之后会怎样？

现实的政策会帮助员工全面地考虑问题，不会让他们心中留有疑惑。在与一家公司合作时，我就帮助开展了有关网络钓鱼的防范措施培训，大致内容如下。

> 网络钓鱼是对公司和您个人的一种威胁。恶意攻击者要获取您的信息，可以通过邮件发起攻击。他们可能会使用后缀名为 EXE、PDF、XLS 或 DOC 等的恶意文件，也可以向您发送伪造的网站链接，网站中会包含恶意软件或其他的危险程序。

如果您收到任何来源不明的邮件，请您在有所行动前，先单击邮件上的“转发”按钮，在收件栏输入邮箱abuse@company.com，将其汇报给我们（反诈骗中心）。

我们将在24小时内告知您该邮件的安全性。

如果您已经点开链接或打开附件，并且觉得该链接或附件是恶意的，一切都还来得及，请将邮件汇报给反诈骗中心。

当然，安全政策中还应包含更丰富的信息，包括内部培训及其他资源的链接。不过你应该已经能明白大致的意思了。好的政策不仅要切实可行，还应该明确在各种情况下应该做什么和不应该做什么。

这就好比在我学武术时，教练会教我如何站立，胳膊和手该如何摆放，以及目光应该看向哪里，并解释**为什么**这些事情都很重要。一个好的安全政策应不仅能说清“是什么”，也能解释“为什么”。如果处理得当，最终你的员工群体就会轻松自如地应对这些事情了。

之后你就可以进行第3步了。

10.3　第3步：定期检查实际情况

每周我都会给Josh发一份表格，汇报我的热量摄入、锻炼情况、睡眠情况、体重及许多其他细节。每天我都会记录这些内容，也知道他会看这些记录。正是这种对实际情况的检查让我坚持了下去，并让我将目标牢牢记在心里，同时也能让Josh及时注意到异常或问题。

有段时间我一直在旅行，所以就没有如实记录，而是估摸着填写表格。后来，Josh发现这些数据和实际情况有点不太相符，便问了我一系列问题，直到弄清了真相，我们一起修正了这些数据并将计划坚持下去。这种针对实际情况的检查关系着项目的成败。

这就是第3步对于安全项目的意义。你已经教会了员工如何识别和应对这些攻击，制定了安全政策，并帮助他们在遇到攻击时做出最佳决策。那么这些措施的效果如何呢？当员工接受测试时，会下意识地做出反应吗？要回答这个问题，唯一能做的就是选择合适的安全顾问，对员工进行测试。

选择合作的顾问是很重要的。如果你想作为职业人士为公司提供社会工程服务，那么你一定了解，一家明智的公司的需求是什么。记住，你不用执着于100%的成功率，也不必追求最让人赞叹的完美攻击——更重要的是你的知识，以及如何运用这些知识帮助公司提升安全意识。

怎样才能知道你正接触的合作伙伴是否合适？以下是几条建议。

- **提出好的问题**。不要害怕问及之前的工作情况，或者对于特定情况，该公司倾向于如何处理。这些问题的答案是否符合你的核心价值观？

  例如，我在给一家公司做咨询的时候，对方会问我应如何对待那些测试成绩不合格的员工。我的答案简单直白。我说，必须跟人们说清楚他们的错误，而且要在教育之后对他们重新测试，再判断他们是否会对组织构成威胁。但绝不能直接武断地解雇那些没通过测试的人。我的回答与他们的信念相符，因此我们的价值观就是一致的。当公司雇我为它们做社会工程工作时，在我们的首次会议中，我常常会被问到打算使用哪些具体的测试手段。而我通常会说，我需要先进行OSINT，再去构思攻击主题，不过接下来我也会向他们讲解一个我在另一家类似公司进行的测试案例。

  如果你的公司在寻找合作伙伴，那么请你准备好问题参会。如果你是要回答这些问题的一方，也请你准备足够好的答案。

- **有合格的参考案例**。很少有公司愿意被当作参考案例，因为它们不想将接受过的社会工程服务让更多人知道。很多大型机构都被其供应商渗透过。我自己遇到过三四家公司愿意作为案例，意在吸引潜在客户。参考案例非常重要。你可以通过第三方了解到，你与想要选择的公司合作的情况将是怎样的。

  记住，社会工程公司不会将对其不满的客户用作案例。你的目的在于大致了解他们与客户的合作方式，及其服务质量。

- **能清晰地定义规则**。对客户来说，如果实际的渗透测试比设想中的更为刁钻复杂，那会是一件很麻烦的事情，所以你必须向你的上司解释清楚情况。确保不出现这种问题的最佳方法就是有一套清晰的测试规则，以免越界。定义清晰的规则就好比拳击比赛中选手穿戴的护具一样。

如果你是一名正在寻找渗透测试员的客户，那么你可能会有自己的一些挑选要求，而以上三条建议有助于你选择最佳的合作伙伴。

当你选好合作伙伴后，便可以开始测试，然后用结果来判断你所需的服务类型，以及测试的频率。好的合作伙伴能帮你判断你需要什么，也会诚实面对你的需求（而不是只向钱看齐）。

有的服务最好每月一次，比如网络钓鱼测试；而其他服务最好每年一次或半年一次，比如渗透测试。没有什么普适的方案——方案很大程度上取决于你的需求和想要达到预期目标的方式。

另一个因素就是你能否用好第4步。

10.4　第4步：切实可行的安全意识项目

Josh会把他锻炼、跑步和参与其他健身活动的视频发给我，这些视频都是培训的一部分，能帮助接受培训的人理解项目的意义。安全意识项目也可以参考这种做法。

可能你在想："你不是刚说了安全意识吗？这是又说了一遍吗？"不是的。前面几步的确是安全意识项目的一部分，但这一步是关于如何用好前三步，从而构造出真正切实可行的安全意识项目。

我再用另一个故事来说明一下。为了帮一名客户做大规模测试，我的社会工程团队花费了大量精力收集OSINT，并紧接着展开了电信诈骗测试和网络钓鱼测试。

我们发现，这家公司的员工对电信诈骗有着不可思议的防范能力，他们拒绝透露姓名，不会转移呼叫，甚至不会告诉我们某人是否在办公室。但当我们使用网络钓鱼测试手段时，发现了很多致命的漏洞。

通过观察，我们发现他们对防范电信诈骗和网络钓鱼都有一个完善的培训计划。他们的电信诈骗测试覆盖了很多基本内容，这能让员工了解这些攻击，为他们提供在现实场景中切实可操作的应对措施，并且还会在安全前提下对他们定期进行测试。

然而他们的防范网络钓鱼培训项目却只有每年的几段计算机教学视频。我本想向他们推荐一套全新的防范电信诈骗和网络钓鱼的培训项目，但他们表示并不需要。因此我转而和他们合作改进他们的防范网络钓鱼项目，并鼓励他们**保持**现有的防范电信诈骗项目，也就是说，我根据他们对前三步的执行情况，将他们的安全意识项目做了调整，以与公司的具体情况相适应。

下一位客户也许是**不同**的情况，再下一位又会有所不同，接下来也一样——他们都是独一无二的。这就解释了构建切实可行的项目为何这么费时费力，以及为什么不能通过样板化或模块化的工作来保障安全。

把安全意识项目调整得符合客户的具体需求之后，你便能帮助员工明白，当出现问题时该做什么，以及不该做什么了。合理的安全意识能帮助员工理解并支持已建立起来的政策和项目。

再以 Josh 指导我的经历为例。当 Josh 告诫我减少某类食物的摄入，并增加某种活动的运动量的时候，即使我不喜欢，也会尽可能地去做出改变。这是为什么呢？

- 我能明白这些改变带来的积极影响。
- Josh 会向我完全解释清楚他正在做什么。
- 在我遇到挑战时，他会指点我一些可行的方法，助我成功。
- 当我失败时（因为我的确失败了），Josh 并不会斥责我是个无可救药的人（虽然我的确这么看待自己），而是会认为我需要帮助，并努力帮我想出一个万无一失的方案以备后用。

这个项目让我更有动力去改善身体状况，而一个切实可行的安全规划同样有助于你的安保系统。不要以为你弄明白了，就意味公司里的其他人也明白了，他们可能需要更多的时间来消化。

10.5 综合以上 4 步

回想一下你的手机还没具备那么多功能的时代，那个连一份完整的带有 GPS 定位的世界地图都还没有的黑暗时代。你能记起那么久之前的事情吗？我能。

我还记得当时我会用一幅硬复制的地图来指引方向。就像第 1 步“学会识别社会工程攻击”那样，我在地图上也标了一个起始点，然后寻找在规避收费路段的同时还能最快到达目的地的路线。

然后，像第 2 步“制定切实可行的政策”那样，我要确保自己一直在高速公路上行驶，这样才能把速度提到最快。

接着是第 3 步“定期检查实际情况”，我会定期检查我的路线，并将其与地图对照，确保两者相符。

最后还缺一个“切实可行的安全意识项目”（第 4 步），也就是借助真实地图完成到达目的地的最后一步。我在计划时间内安全地从 A 点抵达了 B 点。

现实生活中，一幅地图可以让我畅游美国。而安全项目中的 M.A.P.P 通过帮你彻底搞清你的防治规划，也可以起到同样的效果。

然而，只做一步还是不够的，就好像地图不能把你从A点送到B点一样。你还需要进行规划并付诸行动，这样才能真正地达成目标。

我不敢保证你们每个人都能变成“安全领域的Josh”，但这4个步骤的确能有效地锻炼你的“安全”肌肉。（明白我的意思吧？）

接下来将探讨其他一些能帮你构建M.A.P.P.的内容。

10.6 时刻保持更新

假设你已经掌握了以上4步，那么能否给自己贴上“防黑客”的标签了呢？

你可以这么做，但要做好被攻击之后沦为笑柄的准备。一般来说，遵守这些步骤能**避免**你成为最易受侵害的那一部分人，也能让你的人力资源网络更有力地抵御攻击。这是不错的进步，但你的员工仍有可能被网络钓鱼、电信诈骗、短信诈骗或冒充骗到。如果真的是这样，那么怎样才能更好地保持长久的安全呢？

你要确保计算机能及时更新。我在日常的安全审核中，经常发现公司使用的浏览器、PDF阅读器和邮件助手（甚至操作系统）落后了三四个版本（气死我了！）。这种事情我说不清遇到过多少次了。旧版本可能存在很多漏洞。你要及时更新系统，这样才能避免因为旧版本的软件被攻击而遭受损失。

写下这些文字时，我非常清楚，这件事说起来容易做起来难。我知道旧系统需要时间、精力和资金去更新。然而你要记住，在2017年，每个安全漏洞给公司带来了平均362万美元的损失，这只是平均水平啊！2017年的个别入侵带来的损失甚至达到了1000万美元到3亿美元。

我也没有天真到认为仅靠软件更新就能让所有公司免遭入侵，我只是在强调这一做法是有用的。你可以在遭到入侵前承担成本（用于保护自己），也可以在遭到入侵后承担成本（用于为后果买单）。但如果你的安全系统就像图10-1那样，那或许我们需要更严肃地探讨一下。

图 10-1 这可不安全

像鸵鸟一样把头藏起来，**指望**捕食者看不到你，这种做法毫无用处。你要决定在什么时候承担成本：是在入侵发生前还是发生后。我选择前者——虽然这个选择会让我付出时间、金钱和精力，但它能保护我的客户和我的名誉，使我免受被入侵的尴尬。

10.7 从同行的错误中学习

请你在搜索引擎中输入“网络漏洞”这个关键词，然后单击“资讯”按钮，就能看到许多相关新闻。

每一条新闻都详细描述了入侵的原因、发生方式，以及所利用的漏洞（无论是人性上、硬件上、软件上，还是三者兼有）。了解这些能真正侵害到其他公司的攻击，有助于保持你公司的安全。

如果你发现最近有人利用某种防火墙的漏洞入侵公司，就该检查一下你的网络中是否存在这种防火墙。如果有的话，再看看是否打了补丁。如果你发现最近商务电子邮件入侵（business email compromise, BEC）的网络钓鱼骗局多发，就该加强此类培训并相应地调整政策。无论是什么原因导致的入侵，这都是一次很好的机会来总结经验教训。将目前存在的威胁分门别类，并将你的基础设施与其进行对比，寻找可能存在的漏洞。

有很多公司会出售威胁建模服务来帮助解决这个问题，你可能会需要他们的帮助。此外，还可以自己建模并确定哪些地方需要增强和巩固，然后改进当前的项目和条款，从而保持对攻击的警惕。

10.8　塑造重视安全意识的文化

还是以 Josh 指导我的事情为例。在与 Josh 合作了一段时间后，我就能轻松地分辨出哪些行为和状况可能会妨碍到我的健身进程了。比如，不计算当天摄入的热量，或仅凭猜测来填写食物重量，这两种小毛病都会影响到我的常规健身效果。而去比萨自助餐厅并且骗自己说就吃两口的做法，会给我的健身带来极大的负面影响。

Josh 让我明白了一件事：我每天所做的决定能为我培养一种注重健康的生活方式。如果一块170克左右的菲力牛排就足够我吃的话，我就不需要680克的上等牛排；如果我想吃甜点，就必须提前做好这一天的饮食计划，这样才不会让整个健身项目失败；诸如此类。

那这和你的公司塑造重视安全意识的文化有什么关系呢？大有关系！

有了合理的培训、提醒和奖励之后，你就能构建出一种文化，让你的员工明白，他们做的小决策可以带来长久的影响；同时让他们意识到，他们所做的错误决策也会给公司带来毁灭性的后果。

在和 Josh 合作的过程中，我的体重下降了，精力变充沛了，看起来精气神更足了，整体的健康状况都得到了改善。这些回报让我更有动力来继续这个项目。但不是每位员工都会因为“发现网络钓鱼”或“汇报电信诈骗”而得到同等的满足感。这并不是因为他们不关心公司或是厌恶公司——只是因为有的人太忙了，可能会觉得参加培训项目纯属浪费时间。

这类人是最难说服的，但并非不可说服。我们有一家合作公司，这家公司的一位部门经理明确表示不欢迎我们所做的测试。结果他所在部门的450名员工似乎成了全公司最大的威胁之一。恶意软件、网络钓鱼和其他攻击手段经常给该部门带来麻烦。

郁闷的经理发现他的员工并不听话，便打算找出表现最差的员工当众批评一番。我从来没见过这种方法奏效，而且这样做一般会在管理者和团队之间制造冲突。在这种情况下的服从（如果有的话）是恐惧、愤怒或怨恨的结果。在和客户开会时，我让他试着和他的客服团队做一个小游戏。我说我会寄给他们一个毛绒鱼玩偶，我想让他们对内宣称：每月第一个**不上当并汇报**的员工，可以获得这个玩偶，并会荣获当月的“网络钓鱼王”称号。

你可能觉得这个想法很可笑。你说得对，但两个月后，这450名成年人为了获得这个毛绒鱼玩偶而产生了异常激烈的竞争。“网络钓鱼王”这一称号变成了一种荣耀。

最终，不仅我们的项目得到了更多的互动，而且由于员工都在积极举报网络钓鱼攻击，因此汇报率在几个月内从平均只有7%飙升到超过87%。与此同时，点击率则从约57%下降到了不足10%。其中最大的收获是，网络上真正的恶意软件也因此减少了79%。

这个简单的改变创造了一种重视安全意识的文化。员工开始做更好的决定，也看到了变化，而且愿意继续保持这种良好势头。

你所在的公司将因此发生什么变化？在和你真正交谈之前，我说不准，不过我有一些多年来一直效果不错的主意。

- **奖励** 我见过各种各样的奖励，从前文提到的毛绒鱼玩偶到礼品卡的抽奖券，还有其他奖励。这些奖励只要你在数个月内积极执行规章制度就能得到。当然了，如果你的团队规模较大，奖励也可以昂贵一些，否则无用或无意义的奖励会让人丧失动力。有一家公司试图为每季度一直零失误的员工奖励一张5美元的礼品卡，但这个奖励太小了，让人提不起胃口。虽然奖励应给人以动力，但这并不意味着公司必须拿出一台全新的60寸平板电视或一年薪水作为奖励。你真正需要的奖励是一件对符合要求的行为和态度表示认同的东西。
- **正向强化**[①] 我曾见过一些公司创建内网名单，列出那些连续数个月都积极执行规章制度的人。公司内网还会称呼那些接连数月都成功举报网络钓鱼诈骗的人为“明星员工”。正向强化比当众批评更有效，它能激发人继续遵守并执行规章制度的渴望。
- **附加训练** 先别激动，我来解释一下“附加训练”的含义。我见过很多公司因所谓的“聚餐式培训”课程而取得了成功。人们会准备好比萨或其他食物（如果你要请我去的话，请准备一些沙拉或健康食物，否则Josh会生气的），然后做简短的演讲，或播放视频，或做一些安全主题的展示，从而惠及那些听课的人。当然了，那些听课的人一开始可能是冲着免费食物来的，不过我参与的这

① 心理学名词，指对出现的行为加以诱导刺激，以增加该行为出现的可能性。——译者注

类课程往往能让很多人学到一些有用的知识。这也是一个让管理者趁机培养员工相关安全概念和行为的好机会。

- **自上而下的强化**　这种做法似乎有着不可思议的力量，员工会像被施了咒一样。当 CEO 跟员工们诉说自己每月也会遭遇网络钓鱼攻击，并详述其遭遇后，员工们就能真切感受到“原来我们都会遇到这种事情……这是切实存在的问题”。我有一家合作公司最初对防范网络钓鱼项目的反应并不积极。有一次发生了罕见情况，一位女士的反应称得上是典型的反面教材。她在收到钓鱼测试邮件时怒不可遏，打通了我的电话并足足骂了我 10 分钟。她说我简直无可救药，还说我需要学会重新做人。几个月后，这家大型机构的 CEO 召开全体员工会议，他在会上提到了这个防范网络钓鱼项目，说他和大家一样曾遭遇过这种诈骗，并表示他意识到了自己需要对此更加警觉。这番话过后，大家仿佛被施了神秘的符咒一般，内心的愤怒平息下来，对我的社会工程团队的敌意也大大消退了，我们也发现更多的人选择了遵守规章制度。有时候，人们会觉得自己被选中参加这个项目是因为自己看上去很蠢，这会引发敌对情绪。若公司高管层能支持这个计划的话，则情况将大大好转。

你还要记住以下两个要点。

- **保持耐心**

  不要想当然地认为，因为你的指导方式是正确的，所以员工就能立刻跟上节奏。让员工看到你的热情并和你一样充满热情是需要时间和持续努力的。

- **管理预期**

  看起来很熟悉吧？应该是的。这么做不仅有助于建立融洽关系，还能给你的公司构造出一种重视安全意识的文化。并不是说你能发现网络钓鱼、识别诈骗电话或识别不属于你公司的人，就代表每位员工都能在短时间内做到这一点。

你可以通过保持耐心和管理预期，来帮助你的员工适应新的培训标准。

10.9 小结

一开始你可能会没有信心，实际上你可以塑造出一种重视安全意识的文化。你可以看看你现在的“身材”，你要知道想要达到目标需要付出比预期更多的努力和时间。但这些付出都是值得的。安全意识文化也是如此，它带来的利远远大于弊。

Josh 曾给我发过一封邮件，他说："健身不是 3~12 个月的课程，而是伴随终身的旅程，改变习惯**很难**，但我们都在进步。"

这并不意味着你应该反复地做一件事以期待情况好转。直面失败然后再接再厉也是非常重要的。试一下本章提到的内容，但如果不管用，就不要盲目努力了，试试新方法吧。

Josh 经常会调整我的项目，有时候每周调整一次。同样的项目很少能保持一个月以上。我并不是说你也得这么频繁地调整，但你应该可以从中学到点什么。为了项目的有效性，我需要每周和 Josh 联系，让他全面了解我上一周的情况，然后他会将我本周的行程安排、饮食偏好、运动量，甚至连一些私人问题都考虑进去。他会以此判断是否需要做出调整，从而保持项目的正常进行。我确信他所做的决定背后都有着大量的分析做支撑。

你可以参考 Josh 的这种做法，将本章内容应用到你的社会工程安全意识项目中去。请一定要对你的公司有一个完整的认识——从测试的环境到员工的心理。请了解员工可能承受的压力，以及这会给他们的决策带来怎样的影响。有了这种全局性认识，将更利于你的安全项目规划。你应该制订一条明确的推进计划，推动项目并随时观察项目进展。

我不能说这么做就能让你免受黑客侵害，甚至也不能预测你的成功率。但我能保证你一定会看到改变，也能保证你们将开创这样一种文化——让人们不仅了解到外界的攻击类型，而且还有能力去抵御它们。

那么，你如何运用本书的所有知识，成为一名社会工程渗透测试员呢？或者，如何帮你的公司抵御社会工程攻击呢？最后一章将把这一切结合起来，而且我向你保证，我绝不会再提 Josh 了。（抱歉，Josh，你的戏份就到这里。）

第 11 章 走上职业道路

回想过去的几年，那时我根本无法想到未来是什么样子。我从没想过我会从事我喜欢的事业并且取得成功，还建立了一个保护儿童免受伤害的非营利组织。

这段人生奇遇教育了我，塑造了我，也成就了现在的我。我并不完美，仍有很大的进步空间，这正是我在本章想要表明的观点。

社会工程没有速成心法，别以为读完本书之后，学到了些关于交际技巧、影响他人、非语言表达和信任的皮毛，你就能融会贯通，成为专业的社会工程人员了。你需要实践，自我反省，以及之后更多的实践。

人们免不了会问我如何入行，如何成为职业社会工程人员。这个问题的答案涉及很多方面。在本章中，我将告诉你，有潜力成为社会工程人员的人应具备哪些特质。

11.1 成为社会工程人员的特质

我见过很多人身怀绝技，却无法胜任这份工作，他们在这个行业里简直寸步难行；我也见过一些起初缺少自信的人，他们最终却变成了专业的社会工程人员。

如果你想沿着社会工程这条职业道路发展，那我下面提及的几个显著特质会对你大有帮助。

11.1.1　谦逊

在这一行出类拔萃的人无疑都很谦逊。虽然谦逊或温顺常被视为软弱，但请你想一下，你曾遇到的某个你认为真正谦逊的人。你想起来是谁了吗？（如果你觉得那个人就是你的话，说明你想错啦。）

请你凭第一感觉回答这个问题："那个人给我的感觉如何？"对我而言，那是一种被尊重、重视和快乐融合在一起的感觉。这难道不比那些自认为无所不知且过于自负的人——也就是**不够**谦逊的人——给人的感觉要好得多吗？

当我有幸与保罗·艾克曼博士共事时，就曾切身体会了这一点。他才智过人，这使我非常期望和他一起共事、一起努力，并且我发现他真的很谦虚，能够接纳他人的意见，并愿意给创造力自由发挥的空间。当我犯错时，他也会很坚定并且非常有洞察力地进行指导。

我熟知并愿意与之共事的每位社会工程领域的翘楚，都具有谦逊的宝贵品质，且从善如流。

11.1.2　动力

我认为工作是每天上班完成任务，而下班后又能完全抛诸脑后的东西。如果你只是想要一份工作，那么职业社会工程可能并不是个好选择。这是因为它更像是一份事业，会逐渐改变你，无论是工作还是不工作的时候。社会工程人员的技能并非全都与生俱来，因此如果你想入行，就需要有动力去学习、成长和精益求精。

11.1.3　外向

等等！先别急着把书丢进碎纸机并大叫："**我很内向！**"请你明白，我不是说你一定要改变，而是建议你稍微外向一点，并学会在工作的时候体现出来。

你还记得我在第3章中说过，我是一个典型的直爽型（D型）交流者吗？我们这类人一般以擅长"倾诉"但不受人欢迎而著称。这是我天生的倾向，但随着我交流和训练次数的增多，我发现直爽型交流者不如影响型（I型）交流者更擅长这类工作。因此我练习了一些I型交流者的交流方式，并开始在训练中使用这些技巧。结果我不用那么劳心费力了，学生们也更容易接受我的训练了。

我建议你一次只练习一种技巧，直到你能做到信手拈来为止。虽然让你"和两个完全不认识的陌生人交流"非常痛苦，但我还是建议你这么做。坚持一段时间后，任务就会变得容易，这时你就需要加大挑战的力度。

短时间内，如果你能自如地运用这些技能，就能进入交流的下一阶段了。

补充信息

迈耶斯–布里格斯研究（Meyers Briggs research）表明，外向者能从社交中获取能量，而内向者则会因社交而感到疲倦。这份研究还称，外向者在人群中开朗而舒适、好友众多，但过于冒进、容易忽略细节。

而内向者善于自省，喜欢独处，不愿意广交好友，会花大量时间谋而后动，因此行动容易慢一拍。

11.1.4 乐于尝试

根据我多年的了解，害怕失败是很难干好这个职业的。它甚至会让人止步不前。那些在职业社会工程人员成长之路上表现优异的人，都能够走出舒适区，并且明白失败有时才是最好的老师。那些愿意尝试新鲜事物的人也能够融入各种圈子，并且更容易适应不同的情况。我也注意到，那些害怕潮流文化、新鲜事物、陌生人和新奇体验的人，往往会觉得这份工作充满压力并对此倍感疲惫。

11.1.5 真的管用

我曾见过一个人，他曾认为自己永远也不可能成为社会工程人员，但他掌握了这四条特质后，就变成了一名专业的社会工程人员。我还记得第一次见到他时，他走进教室并坐在最后一排，然后低垂着头，双手交叉放在腿上。

看到他的第一眼我就明白，他是一个极度内向的人。于是我很好奇他为什么不去别的地方，而是要来上**我的**社会工程课。是他的老板让他来的吗？是他的公司命令他来的吗？我照常开始上课：先放几首 Clutch 乐队的代表作。当第一首歌的前奏响起时，这位叫作 Ryan 的学生抬起了头，我发现他的脸上流露出了相当明显的舒适情绪。

我心想：“很好，他是 Clutch 的歌迷。”我向他做了自我介绍，通过简单的交流，我明白了，不是他的老板让他来的，也没人命令他来——他只是单纯地想挑战自我，走出舒适区，尝试新事物。我能感觉到他已经做好了充分的心理准备。

在接下来的四天里，Ryan 对我要求他做的每一件事都表现得非常积极。他对任何任务都不轻言放弃。随着时间的推移，他甚至变得外向了许多。而我所注意到的最重要的一件事是，他经常主动向我咨询意见和建议，并请求我为他批改晚上的作业。

课程结束时，Ryan 荣获班级的最大进步奖。我告诉我的团队：“我过一两年就要雇用 Ryan。”

然而想雇用他也不容易。Ryan有了脱胎换骨的变化。他得到了当前就职公司的赏识。于是他一路从首席测试员变成了整个社会工程攻击项目的负责人，负责电信诈骗、网络钓鱼和入侵场所等测试。最重要的是，这都是他所擅长的。

我花了三年才雇到他，如今他主导我们公司所有的社会工程工作。他仍非常内向，仍喜欢谋而后动（在我看来有点过头），但他积极进取，愿意尝试新事物，能在时机合适时开启外向模式（没错，这个词是我编的），而且仍定期向我寻求建议、帮助和忠告。

我知道，总有一天他会成为我的上司——肯定会的。如果他能在社会工程领域取得成功，那么你也可以，你只需熟练掌握我刚说的四条原则即可。

11.2 专业技能

我最常被问到的一个问题可能就是“社会工程需要什么样的技术相关课程”。这个问题无法简单地回答，但我会努力给你指明正确方向。

职业技能对这份事业来说非常重要，因为你会一直和技术打交道。掌握USB密钥、计算机启动，以及连接到VPN之类的简单技术，能在很大程度上帮助你构造伪装和取得访问权限。

既然如此，那你是否有必要成为那种能发表文章的专家呢？当然不用。这里有一种能快速判断你应该达到何种技术水平的方法。你是打算孤军奋战还是团队合作呢？如果是前者，那你就需要精通很多专业技能了。否则，你将无法提供高质量的服务。

如果你打算团队合作，就要视队友的情况而定了。如果队友们已经掌握了一些所需的技能，那你在这些领域就可以放宽一些要求，至少要比单打独斗的时候要求低一些。在我的团队里，技术人员和非技术人员之间合作得非常好。

如果你决定要掌握一些专业技能，那么以下几种我认为是很重要的：

- 基本的计算机知识；
- 基本的办公软件知识（比如Word和Excel）；
- 了解计算机的各种部件及其运作方式；
- 能正确操作Mac、Windows和Linux等操作系统；
- 了解网络是如何工作的；
- 知道如何搭建邮件服务器；
- 编辑照片的技能。

如果你想在渗透测试中利用漏洞，那么还需掌握如下技巧：

- 知道如何利用框架，如Metasploit[①]和Empire[②]；
- 读懂代码的能力；
- 编写代码的能力。

11.3 教育

“成为社会工程人员，需要有什么样的教育背景呢？”每次听到这个问题时（被问过的次数超乎你的想象），我都会告诉对方，我认为我真的没资格在这方面给出意见。毕竟我大学期间曾编写过一个“战争拨号器”，然后被年级主任和警察盘问后，我就被勒令退学了，我的大学生涯也就此结束了。

有趣的事实

在20世纪90年代初，那时还没有计算机犯罪法，而大部分所谓的“黑客”也只不过是一群充满好奇的普通人。他们和如今那些一门心思搞破坏的黑客完全不同。我曾编写过一个叫作“战争拨号器”的程序，先将两台4800波特的调制解调器串接在一起，然后通过拨号将一些机器指令传到对应设备，命令其关闭5分钟，然后挂断，如此一直反复。我通过线程处理让程序可以同时拨打多个号码。这个程序最终让整个区60%的电话系统瘫痪了一整天，也导致了我被学校勒令退学。

暂且不论我那靠不住的教育背景，我的确对什么才是有益的教育有一些自己的见解。你不需要在以下这些领域做到拔尖，但我真切地建议你对它们有一些基本的了解。

- **心理学** 你要牢记，即使你不是一名训练有素的心理学家或心理治疗师，也很有必要对人类如何做决策有基本的认知。
- **语言、语法和写作** 哪怕你是全世界最优秀的社会工程人员，如果写不出用词准确、条理清晰的报告，你的付出将永远得不到认可。我强烈建议你学习一门相关的高质量课程，帮你学习使用自己的语言并增加相关的专业词汇。
- **社会心理学** 人类在社会群体里如何互动？到底是什么在影响我们？社会群体又会怎样影响我们？了解这些之后，你一定会成为一名更优秀的社会工程人员。

现在你可能会问：“就这？”正如我之前所说，我不是你的大学导师，我只是根据我的经历给你一些建议罢了。即使你没有接受过这些领域的正规教育，也不要以为

---

① 一款开源的安全漏洞检测工具。——译者注

② 一个基于PowerShell的后期漏洞利用代理工具。——译者注

自己就永远无法成功。你可以读书、查找网页、听播客、和相关的专业人士交流，从而对这些知识有基本的了解。

记住，你的最终目的不是成为心理学家、心理治疗师、语言学家或社会心理学家。你只需要有足够的知识，从而能发现某个特定的原则在发挥作用。

11.4　工作前景

如果我能在本书里写上一条确保能找到工作的万全之法，那么我想这本书就能登上《纽约时报》的畅销书排行榜了。然而现实是残酷的，没有什么捷径可走，不过我可以给你指出几条确实有效的方法。

11.4.1　自己创业

你可以从给周边公司推销社会工程服务开始。如今，创立这种公司已经不像我创业那会儿那么难了（不用谢我）。

我那时要赠送五封网络钓鱼测试邮件（没错，只有五封），只为了让人尝试一下。然而我的潜在客户有时仍会拒绝我的服务。而如今，人们愿意将社会工程应用到渗透测试和服务中去。媒体、新闻和整个世界都在普及社会工程可能对公司带来的威胁，这会让你的工作简单很多。

尽管这条职业之路在过去几年中情况有所改观，但仍存在一些阻碍。很多公司会想知道你的合作伙伴是谁、你是否能出具推荐信、你都和谁相识以及其他细节，这都会让你的起步变得非常困难。但不要就这么自暴自弃——你可以通过一些努力扩大自己的知名度。

在大会上发言，或写几篇博文、文章，让人们阅读和评论。哪怕只是在这一领域小有名气，也能让你在提供服务时更具竞争力。我见过一些人通过在社会工程领域制造热点而创业成功，即使他们之前并无这方面的工作经历。他们参加了世界极客大会中由我主持的社会工程夺旗赛。如果表现非常优秀并获胜，他们就能创建成功的企业，并提供社会工程服务。他们树立的信誉能帮他们在这条职业道路上长久地走下去。

11.4.2　入职渗透测试公司

绝大多数渗透测试公司会以某种形式提供社会工程服务。根据我的经验，很多人会选择在这种公司就职。如果你刚刚大学毕业，毫无工作经验的话，就必须从头做起。

一旦入职，你就能让大家知道你愿意从事社会工程工作。完成任务后，公司就会给你更多机会，甚至得到快速提拔。

但这条道路可能要花费你几个月甚至几年的时间。你可能想有所作为，但公司可能暂时用不到你。你要心里有数，想想自己愿意这样等多久。

我建议你要有耐心，要有学习新技能的热情，这样在你升职或者跳槽的时候，你的技能才会帮到你。

11.4.3　入职社会工程公司

我在网上简单搜索了一下后，发现只有寥寥几家以社会工程为主业的公司，只做社会工程业务的公司则更少。我们公司就只做社会工程服务。我们每个月都会收到很多份简历，虽然我很乐意雇用他们（如果他们都合格的话），但我们只会在需要人手的时候才雇人（很合理，对吧？）。

但你不要因此放弃。你仍可以主动接触这些公司，告诉他们你踏入这个领域的意愿，分享你写过、说过或做过的事，让他们在需要人手时告知你。如果你能进入这些公司的候选人名单，或许就能获得一份梦寐以求的工作。

无论你选择哪条道路，这个领域都毫无疑问是缺人手的。社会工程不会很快消失，而对有志于做出成就的技术人才，需求将一直存在。

11.5　社会工程的未来

我能稍微严肃一下吗？除了那些探讨黑客攻击的报告——比如 Verizon DBIR、CISCO 报告等——社会工程还有很多非常黑暗的用途。

恋童癖用社会工程手段来诱骗儿童就是一个令人不安的趋势。恋童癖会通过线上聊天工具进入孩子们的“族群”。他们会寻找那些和父母发生争执或家庭生活糟糕的孩子，然后和他们建立融洽关系，对他们主动倾听，提出开放式问题，并通过暗示的方式将一些想法和概念灌输给孩子们。

全国失踪和被虐待儿童中心（NCMEC）汇报称，2017 年美国的失踪儿童有 465 676 名。同年，FBI 协助侦察的 25 000 起离家出走的案件中，有七分之一的孩子沦为了性交易的受害者。这些孩子中有很多都曾被恋童癖诱拐过。

我知道这些消息很令人绝望，但我想提醒你的是，人们避不开社会工程。从对企业的攻击到对你祖母的个人攻击，再到恋童癖对儿童的侵害，社会工程手段一直都存在，并且会越来越常用。

我们需要人们站在正义的一边，帮助守卫、保护和教育他人，让更多的人了解这些技巧，并学习如何抵御这些攻击，从而能免受其害。这件事做起来可能并不容易。但我可以向你保证，这一切都是值得的。

在过去八年的职业生涯里，我曾和全球多家急需提高社会工程攻击防御能力的公司合作。其中一家公司告诉我，他们网络系统中的恶意软件减少了 87%。他们认为，这都要归功于我们的防范网络钓鱼培训。

另一家公司则表示，多亏了我们的培训，他们的工作人员成功地识别、阻止并汇报了针对他们公司的一次主动电信诈骗攻击。

我的一位学生说，他在我为期五天的课程中学到的知识拯救了他的婚姻。虽然拯救婚姻从来不是我开展社会工程课程的目的，但我仍感到很开心，因为这位学生深入理解了他所学到的交流知识、融洽关系知识和影响力知识，并将它们应用到了家庭当中，修复了他的婚姻关系。

通过我的团队和非营利组织“无辜生命救助基金会”的共同努力，我们成功地从人贩子手里救下了多个孩子，并且从某种意义上讲，我在其中也有不小的功劳。相比于物质奖励，能够用我每天教授的技巧揭露那些折磨孩子的恶棍对我来说更有意义。

最后——这是一个非常私人化的提示——我把这些技巧也教给了我的孩子，让他们更加警觉，提高了他们对攻击的抵御能力，也（在不那么谦逊的我看来）让他们成为我所知道的发展最为全面且优秀的一类人。

学会如何使用这些技巧不仅有益于你的事业，也会对你的日常生活大有裨益。我希望这本书能激发你继续学习的欲望。如果你已经掌握了很多这类技巧，那么我希望这本书至少能给你提供一两条新的思路。如果你是个怀疑论者或者狂热分子，那么我希望这本书能激起你对这些技巧本身以及如何使用这些技巧的有益的讨论。

我非常欢迎你就此话题提出建议并发表看法。我也鼓励你将这些技能转化成你的日常技能的一部分。祝你一生平安。